Resultate

aus zehnjährigen Beobachtungen

über

Sternschnuppen.

Ein Sendschreiben an Alexander v. Humboldt.

Von

J. F. J. Schmidt,

Gehülfen der Königl. Sternwarte zu Bonn.

Berlin.

Druck und Verlag von Georg Reimer.

1852.

An

Alexander von Humboldt.

Sie haben mich aufgefordert, Ihnen die Fortsetzung der Resultate mitzutheilen, für die Sie zu meiner grofsen Freude ein so lebhaftes Interesse bezeigten; die wohlwollende Anerkennung, welche Sie der Art und Weise zollten, wie ich die Erscheinungen der Meteore (Sternschnuppen und Feuerkugeln) auffasse und beobachte, hat mich bald veranlafst, die Ergebnisse einer mehrjährigen Beobachtungsreihe über fast alle Eigenthümlichkeiten, die man an den Meteoren wahrnehmen kann, in geordneter Zusammenstellung der Oeffentlichkeit zu übergeben, um damit vorläufig eine Arbeit abschliefsen zu können, welcher ich in den nächsten Jahren schwerlich die frühere Aufmerksamkeit zuzuwenden im Stande sein werde. — In einer Schrift, die hauptsächlich nur Beobachtungen mittheilen soll, in der bezweckt wird, durch die Hinweisung auf den wenig bekannten Reichthum des Problems von den Meteoren, durch die Andeutung verschiedener Gesichtspunkte, aus denen man zahlreiche Erscheinungen aufzufassen hat, das Interesse für weitere Untersuchungen aufs Neue anzuregen, wird man eine historische Aufzählung dessen, was seither geleistet ist, nicht erwarten wollen, und ebenso wenig dürfte man bei der einfachen Darstellung des Materials, aus dem nur gelegentlich einige Folgerungen gezogen werden, besondere und neue Resultate voraussetzen. — Wer als anspruchsloser Beobachter in diesem Thema der Natur, in der Ueberzeugung lebt, dafs man noch weit vom Ziele entfernt sei, wird es vermeiden, bei dem noch sehr fragmentarischen Zustande unsers Wissens von den räthselhaften Erscheinungen der Meteore, den mehr oder weniger erheblich scheinenden, aber vereinzelten Resultaten, eine später vielleicht zu tadelnde Ausdehnung und Anwendung zu gestatten. Seit einem halben Jahrhunderte sind Physiker und Astronomen bemüht gewesen, uns über die Zusammensetzung und die Bewegung der Meteore mehr und mehr Aufschlüsse zu verschaffen. Als Brandes und Benzenberg im Jahre 1798 ihre Beobachtungen über die Höhen und Geschwindigkeiten der Sternschnuppen angestellt hatten, begnügte man sich lange mit dem Gegebenen, bis in den dreifsiger Jahren dieses Jahrhunderts die grofsen Novemberphänomene Ihre denkwürdige Beobachtung von Cumana (12. Nov. 1799) verbunden mit den Erscheinungen von 1833 und 1834 in das rechte Licht setzten, und die Ermittelungen über den Parallelismus der Bahnen, den cosmischen Ursprung der Meteormassen vermuthen liefsen. Wie überall bei der ernsten Auffassung und Ergründung bedeutender Naturerscheinungen die mathematische Betrachtung, wo sie nur ihre Anwendung finden kann, als das erste und eigentliche Fundament der Untersuchung anzusehen ist, so ist sie es vorzugsweise bei der Bestimmung der Bahnverhältnisse und der Vertheilung der Meteore im Himmelsraume, so weit diese von der Erde aus überhaupt noch wahrzunehmen ist. Es können aber Resultate über die Bewegungen der Meteore nur aus den vereinten Bestrebungen mehrerer Beobachter gewonnen werden. Dem Einzelnen bleibt nur übrig, alle dem Auge erkennbaren

Phänomene des Leuchtens, der Farbe, der Schweifbildung, der anomalen scheinbaren Bewegungen etc. sorgfältig aufzufassen, durch Verzeichnung der leuchtenden Meteorbahnen die Convergenzpunkte zu ermitteln, die Häufigkeit ihres Auftretens zu verschiedenen Zeiten in Zahlwerthen auszudrücken, und wenn Mittel und Veranlassungen vorhanden sind, gelegentlich seine Aufmerksamkeit auf die telescopischen Meteore zu richten.

Im Juli 1842 faſste ich den Plan, so oft als möglich die Sternschnuppen zu verschiedenen Stunden der Nacht, einige Jahre hindurch in Rücksicht auf alle vorkommenden Erscheinungen zu beobachten. Ich begann diese Arbeit am 30. Juli 1842 auf Hohenfelde bei Hamburg zu einer Zeit, als ich noch wenig im Stande war, dieselbe in ihrem ganzen Umfange zu überblicken, und obgleich es mir im folgenden Jahre vorkam, daſs die damals schon angedeuteten Resultate in keinem günstigen Verhältnisse zu der angewandten Zeit und Mühe zu stehen schienen, so glaubte ich doch, daſs eine Jahre lang durchgeführte Beobachtungsreihe, unentstellt, und nirgends modificirt durch vorgefaſste Meinungen, für alle Fälle einen gewissen Werth beanspruchen könne. Das lebhafte, im Laufe der Jahre nur zunehmende Interesse an diesen Beobachtungen, hat mir stets die nöthige Beharrlichkeit in Zeiten erhalten, die im Allgemeinen sich solchen Bestrebungen weniger günstig zeigten. Ich bin sodann seit dem Jahre 1848 so glücklich gewesen, im Vereine mit Heis und Anderen auch diejenigen Untersuchungen anzustellen, welche zur Kenntniſs der Entfernung und Geschwindigkeit der Meteore führen. Sonach glaube ich, daſs die folgenden Blätter im Stande sein werden, fast Alles vorzuführen, was sich mit mehr oder weniger Erfolg an den Meteoren beobachten läfst, und würde mich sehr glücklich schätzen, wenn sie bei Denen eine neue Anregung zur vielseitigeren Bearbeitung dieses Problems veranlafsten, welche mehr über ihre Zeit und ihre Kräfte disponiren können, als dies bei dem Astronomen, dem andere Arbeiten vorliegen, zu erwarten ist.

In der folgenden Zusammenstellung findet man zunächst die Ergebnisse aus den Beobachtungen von 1842—1850. Ich habe in ihr die Jahres- und Monatssummen, und wo es thunlich war, die „stündliche Anzahl" angeführt. Die Meteorbeobachtungen sind geordnet in Rücksicht auf Intensität, Farbe, Schweifbildung und anomale Bewegungen; die jedesmalige Häufigkeit solcher Erscheinungen habe ich so ausgedrückt, dafs man leicht übersieht, wie viel Meteore der 1. 2. 3. 4ten Gröfse, wie viel weifse, gelbe etc., wie viel geschweifte unter 100 mit gleicher Aufmerksamkeit beobachteten Meteoren vorkommen. In jedem einzelnen Jahrgange finden sich zahlreiche Bemerkungen über besonders auffallende Phänomene, so wie Angaben über anderweitig beobachtete Meteore, von denen ich Nachricht erhalten hatte. — In der Ansicht, dafs es für die Untersuchungen einer spätern Zeit von Nutzen sein werde, aus unsern Tagen mehr als die abgeschlossenen Resultate über die verschiedenen Convergenzpunkte (bei denen die Mittheilung des Details fehlt), zu benutzen, hat es mir zweckmäfsig geschienen, alle beobachteten Meteorbahnen, die ich genau in die Sterncharten einzeichnen konnte, unter Angabe der Rectascension und Declination ihres Anfangs- und Endpunktes, vollständig herzusetzen. Die Resultate der correspondirenden Beobachtungen an verschiedenen Stationen habe ich in einem besondern Abschnitte behandelt, und es vorgezogen, auch in dieser Weise die Anwendung der Meteorbeobachtungen zu geographischen Längenbestimmungen, auf Grund neuerer Erfahrungen, zu besprechen. Die Totalübersicht über die Resultate der 9 Jahre giebt zuletzt Veranlassung, auf die Beziehungen der einzelnen Erscheinungen unter sich, auf die telescopischen Meteore, die in enormer Anzahl den Raum erfüllen, auf die dunklen Körper vor Sonne und Mond, in gröfserer oder geringerer Ausführlichkeit aufmerksam zu machen.

Es scheint damit fast der ganze Umfang aller Phänomene, so weit man sie bis jetzt überblicken kann, in allgemeinen aus Beobachtungen entwickelten Umrissen angedeutet zu sein. Aus den Ergebnissen e i n e r Beobachtungsreihe, wenn sie auch längere Jahre umfafst, dürfen Schlüsse indessen nur mit Vorsicht gezogen werden. Es können einzelne Erscheinungen von mir übersehen worden sein, es kann vielleicht der fragmentarische Charakter des Materials, und noch mehr der der einzelnen Resultate, Manchem um so weniger erfolgverheifsend vorkommen, je mehr er die Zeit, den Connex aller Meteorphänomene begreifen zu können, uns näher gerückt glaubt, als sie es ist. Ich meinestheils habe so viel als möglich Folgerungen zu vermeiden gesucht, welche bei einem so schwierigen und vielseitigen Gegenstande neue Irrthümer hervorrufen, und einen Theil der Aufmerksamkeit vermindern könnten, die ihm in unsern Tagen vereinzelt mit verschiedenartigem Erfolge zugewandt wird. — Wenn sich aber in den meisten Bestrebungen der Physiker und Astronomen in diesem Gebiete als letztes endliches Ziel herausstellt, die cosmischen Verhältnisse der Meteore, ihre Beziehungen zum Planetensysteme zu entdecken, so darf man sich nicht verhehlen, dafs uns noch ein allgemeiner Plan fehle, dessen Hauptbedingung es sein müfste, mehrere Jahre lang zu bestimmten, möglichst zahlreichen Terminen, das Meteorphänomen gleichzeitig von sehr verschiedenen Punkten beider Hemisphären der Erde zu betrachten.

Von dem lebhaften Wunsche beseelt, unsere Kenntnifs von den Meteoren schneller und von verschiedenen Seiten her vervollkommnet zu sehen, darf ich Ihnen wohl die Ansicht aussprechen, ob es nicht wünschenswerth sei, den eben erwähnten Plan anzuempfehlen, und die Führung solches Unternehmens, welches kaum nennenswerthe Mittel erfordert, denjenigen Personen anzutragen, welche an den zahlreichen magnetischen und meteorologischen Stationen der Erde ohnehin beschäftigt, sich dazu als geeignet erweisen.

In dem festen Vertrauen auf das Ziel, welches zu erreichen uns durch eine ausdauernde empirische Ergründung aller Erscheinungen der Meteore bevorsteht, habe ich seither die Anregung gefunden, bei diesen Beobachtungen zu beharren. — Ihnen zuerst glaubte ich die etwaigen Resultate vorlegen zu müssen, und indem ich jetzt Ihrer wohlwollenden Aufforderung Folge leiste, bitte ich Sie, diese Blätter nur als einen geringen Beitrag zur Erweiterung der Kenntnifs von den Meteoren betrachten zu wollen, deren allmälige Entwicklung Sie ein halbes Jahrhundert lang mit steigendem Interesse verfolgt, und selbst befördert haben.

Sternwarte zu Bonn im Mai 1851.

J. F. Julius Schmidt.

Inhaltsverzeichnifs.

Beobachtungen.

1842.

Obgleich ich bereits im Jahre 1841 angefangen hatte, häufig nach Meteoren auszusehen, und ihre Eigenthümlichkeiten anzumerken, so mufs ich diese zu Eutin in Holstein angestellten Beobachtungen hier gänzlich mit Stillschweigen übergehen, weil das Wenige, was ich noch von ihnen besitze, keinen Werth hat, und ein damals entworfenes Verzeichnifs derselben in dem grofsen Brande Hamburgs verloren ging. Ich beginne daher erst mit dem Jahre 1842, als ich im Juli den in der Einleitung mitgetheilten Plan ernstlich auszuführen gedachte. Alle Beobachtungen dieses Jahres sind in Hamburg angestellt worden, theils in der Stadt oder auf der dortigen Sternwarte, theils auf Hohenfelde östlich von Hamburg auf dem Wege nach Wandsbeck. Sie enthalten: die mittlere Zeit der Erscheinung, den Ort am Himmel, aber nur durch ungefähre Angabe des Sternbildes, die scheinbare Gröfse, und Bemerkungen über Schweife und sonstige Eigenthümlichkeiten. Ich theile nach sorgfältiger Bearbeitung der Originalbeobachtungen nur dasjenige mit, worauf ich mein Hauptaugenmerk gerichtet habe, und nehme auf unsichere Angaben gar keine Rücksicht.

1. Anzahl der Meteore.

Es wurden beobachtet:

im Juli . . .	15	Meteore	in	2	Tagen
- August . .	188	-	-	15	-
- September .	21	-	-	11	-
- October . .	33	-	-	12	-
- November .	47	-	-	12	-
- December .	7	-	-	5	-
im Ganzen	311	Meteore	in	57	Tagen

Betrachte ich nur diejenigen Tage, an denen ich längere Zeit ohne Unterbrechung beobachten konnte, so finde ich unter jedesmaliger Berücksichtigung etwaiger Pausen die stündliche Anzahl an verschiedenen Abenden wie folgt:

Juli 31.	zwischen	$9^h,5$	und	11^h	stündliche Anzahl	= 9
Aug. 5.	-	10,2	-	11,1	- -	= 6
- 9.	-	9,8	-	11,0	- -	= 13
- 10.	-	9,8	-	13,5	- -	= 29
- 11.	-	9,2	-	11,8	- -	= 9
- 13.	-	9,3	-	9,9	- -	= 11
- 29.	-	8,8	-	9,9	- -	= 10
Oct. 8.	-	7,1	-	9,9	- -	= 3
Nov. 1.	-	7,4	-	10,9	- -	= 8
- 6.	-	8,1	-	8,5	- -	= 14

Die mittlere stündliche Anzahl der Meteore wäre für diesen Zeitraum etwa 11, und ist nicht mit der jedenfalls geringeren für das ganze Jahr geltenden Mittelzahl zu verwechseln.

Ob das Maximum der Erscheinung des Laurentiusstromes auf Aug. 10. $13^h,3$ zu setzen sei, kann aus meinen Beobachtungen nur mit einem geringen Grade von Sicherheit gefolgert werden.

2. Farben.

Das Verzeichnifs giebt nur die entschieden ausgesprochenen Farben der Meteore an; bei meiner damals noch geringeren Uebung, schwache Farbendifferenzen sicher aufzufassen, bezeichnete ich die meisten Erscheinungen als weifs, und nannte die sehr kleinen Sternschnuppen der 5ten bis 6ten Gröfse „nebelartig", weil sie meinem Auge entweder wirklich so erschienen, oder ihrer Kleinheit wegen, keine bestimmte Farben zeigten.

Es wurden beobachtet:

	Weifse	Gelbe	Gelbrothe	Grüne	Neblige
im Juli	= 9	= 1	= 0	= 3	= 1
- August	174	0	3	4	7
- September	18	0	1	0	2
- October	23	1	8	0	2
- November	35	2	8	1	1
- December	5	1	1	0	0
Summe	264	5	21	8	13

Demnach kommen 1842 auf 100 Meteore: 84,9 Weiſse
1,6 Gelbe
6,7 Gelbrothe
2,6 Grüne
4,2 Neblige.

3. Scheinbare Gröſse.

Der Glanz der Meteore ist nach den Gröſsen der Fixsterne geschätzt worden; doch unterliegt es keinem Zweifel, daſs die Helligkeiten zumal der gröſsern Erscheinungen in diesem Jahre zu stark angegeben sind. Es zeigten sich

im Juli	$(1^m) = 5$	$(2^m) = 2$	$(3^m) = 4$	$(4^m) = 1$	$(5^m) = 3$	$(6^m) = 0$
- Aug.	- 61	- 61	- 46	- 14	- 7	- 0
- Sept.	- 5	- 8	- 2	- 3	- 0	- 3
- Octob.	- 8	- 9	- 8	- 8	- 0	- 0
- Nov.	- 9	- 14	- 14	- 4	- 6	- 0
- Dec.	- 2	- 1	- 2	- 2	- 0	- 0
Summe	90	95	76	32	15	3

Hiernach waren unter 100 Meteoren i. J. 1842: 29,0 1^m
30,5 2^m
24,5 3^m
10,3 4^m
4,8 5^m
0,9 6^m

4. Schweife.

So viel ich mit einiger Sicherheit in Bezug auf Schweiferscheinungen aus den Originalbeobachtungen entnehmen darf, zeigt sich Folgendes:

im Juli	1	geschweiftes Meteor
- Aug.	38	- -
- Sept.	3	- -
- Octob.	7	- -
- Nov.	1	- -
- Dec.	0	- -

Darunter waren 40 geschweifte Sternschnuppen von der 1^m, 8 von der 2^m und 2 von der 3^m. Die Beobachtungen enthalten keine nähere Beschreibung der Schweife. Ich finde nur einige Bemerkungen über die Farbe und Dauer der Schweife, z. B.

N. 7. Dauer $= 3^s$ Farbe rothgelb. Das Meteor selbst war grün.
- 30. - 7 - rothgelb. - - - - grün u. hell.
- 18. - 1 - rothgelb.

Bei 47 andern Meteoren schwankt die Dauer der Sichtbarkeit zwischen $0^s,5$ und $6^s,0$. Die mittlere Dauer der Sichtbarkeit des Schweifes würde sich auf 2^s herausstellen, welche Zahl mir zu grofs zu sein scheint. Zahlreiche spätere Beobachtungen haben mich überzeugt, dafs bei Weitem die meisten Schweiffiguren nur 1^s lang sichtbar bleiben. Die seltenen Ausnahmen werde ich besonders beschreiben.

5. Anomale Bewegungen.

Im Jahre 1842 habe ich im Ganzen 12 Meteore von unregelmäfsigem Laufe gesehen, d. h. solche, deren scheinbare Bahnen merklich von einem gröfsten Kreise abwichen. Darunter war eine mit geschlängeltem Laufe, eine andere mit fein gezackter Bahn. Zuweilen machen die Meteore mit aussetzendem, oder die Intensität mehrfach veränderndem Lichte den Eindruck einer unregelmäfsigen Bewegung, doch wird ein geübter Beobachter hierüber in den meisten Fällen leicht entscheiden können. Die auffallende Erscheinung von 2 nahe oder ganz gleichzeitig und meistens parallel nebeneinander laufenden Meteoren ist sehr selten. Aug. 9. $10^h,6$ sah ich deren 2 von der 3ten Gröfse innerhalb 2^s nebeneinander hinziehen.

6. Besondere Erscheinungen.

Sehr viele der kleinsten Meteore sehe ich mit meinen Augen noch völlig deutlich, als scharfe sternähnliche Punkte, allein eine nicht unbedeutende Zahl derselben, die ich „nebelartig" nenne, erscheint nicht nur undeutlich, verwaschen, matt grau, sondern oft mit merklichem Durchmesser, so dafs solche Körper dann einer sehr kleinen schnell dahinfliegenden Nebelwolke gleichen. Ich habe sie seither so häufig und bestimmt gesehen, dafs mir kein Zweifel übrig blieb. Meistens haben diese Meteore eine sehr schnelle scheinbare Bewegung. Ich finde unter den Beobachtungen von 1842:

N. 219. Sept. 8. 6^m schnell, glanzlose Masse, also wohl von ansehnlichem Durchmesser.

N. 251. Octob. 27. 4^m formlose Masse von 1^0 Durchmesser.

N. 297. Nov. 9. 5^m sehr schnell, formlose Masse.

Andere ausgezeichnete Meteore waren die Folgenden.

N. 7. Juli 31. $10^h,2$ deutlicher Durchmesser, sehr hell und grün, scheint mit blauem Lichte zu zerspringen. Es ist dies das einzige Mal, dafs ich die blaue Farbe an einem Meteor gesehen habe. Der rothgelbe Schweif leuchtete 3^s. Ein röthliches fast stillstehendes Fragment, an Helligkeit $= \gamma$ Draconis leuchtet noch 10^s lang.

N. 30. Aug. 9. $9^h,8$ sehr hell und grün, der rothe Schweif leuchtet 7^s.

N. 242. Octob. 18. $7^h,8$ Ein sehr helles Meteor tief am Horizonte, welches im Glanze von Jupiter abwechselnd grüne und rothe Farben zeigt; es blieb zum Theil selbst hinter Wolken sichtbar.

Das Augustphänomen, in diesem Jahre sehr ausgezeichnet, wurde auf der Hamburger Sternwarte beobachtet, und zwar:

		Aug. 9.	Aug. 10.	Aug. 11.
von	Rümken	= 24 Met.	= 24 Met.	= 19 Met.
-	Götze	56 -	74 -	8 -
-	Funk	51 -	32 -	7 -
-	Weyer	17 -	81 -	
-	Schmidt	14 -	105 -	23 -
		Aug. 9. = 162	Aug. 10. = 316	Aug. 11. = 57

Zusammen also 535 Sternschnuppen, unter denen freilich viele von mehren Beobachtern gleichzeitig gesehen wurden.

1843.

Die Beobachtungen dieses Jahres sind nach demselben Plane, und aufser an den bezeichneten Orten theilweis auch auf der Altonaer Sternwarte angestellt worden; sie sind sicherer, und besser geordnet als die vom vorigen Jahre.

1. Anzahl der Meteore.

im	Januar	=	13	Meteore	an	6 Tagen
-	Februar	=	1	-	-	1 -
-	März	=	12	-	-	9 -
-	April	=	5	-	-	3 -
-	Mai	=	7	-	-	5 -
-	Juni	=	2	-	-	1 -
-	Juli	=	9	-	-	5 -
-	August	=	150	-	-	20 -
-	September	=	107	-	-	21 -
-	October	=	33	-	-	11 -
-	November	=	34	-	-	7 -
-	December	=	12	-	-	4 -
	Summe	=	385	Meteore	an	93 Tagen.

In der folgenden Tafel werde ich diejenigen Zahlen, welche unsicher die stündliche Anzahl der Meteore ausdrücken, mit einem (') bezeichnen. Ich finde:

		stündl. Anzahl					stündl. Anzahl		
Jan	1.	= 22	Met.	(')	Sept.	13.	= 5	Met.	
-	2.	13	-		-	14.	4	-	
April	15.	2	-		-	15.	8	-	
Juli	29.	5	-		-	17.	5	-	
Aug.	3.	10	-		-	18.	7	-	
-	4.	9	-		-	19.	6	-	
-	6.	7	-		-	20.	3	-	
-	7.	6	-		-	23.	7	-	
-	8.	7	-		-	25.	6	-	
-	9.	7	-	(')	-	26.	13	-	(')
-	10.	6	-	(')	Oct.	15.	7	-	
-	12.	8	-		-	21.	3	-	
-	13.	6	-		-	26.	4	-	
-	15.	6	-		Nov.	12.	8	-	
-	17.	13	-		-	14.	9	-	
-	18.	8	-		Dec.	11.	6	-	
-	23.	17	-	(')	-	13.	2	-	
Sept.	12.	4	-		Mittel,	stündlich	7	Meteore.	

Obgleich jetzt die Häufigkeit der Meteore am Anfange des Jahrs zumal durch Heis Beobachtungen erwiesen ist, so halte ich die stündliche Anzahl von 22 am 1sten Januar für sehr problematisch, da ich nur aus Beobachtungen von etwa 10 Minuten auf die Stunde schliefsen mufste. Dafs die stündliche Anzahl im Augustphänomen sich so geringe herausstellt, rührt vom Mondschein und der wenig günstigen Luft her. Die meisten Zahlen sind mehr oder weniger genügend sicher.

2. Farben.

In diesem Jahre habe ich gröfsere Sorgfalt auf die Farbenschätzungen verwendet. Zwar sind auch im Verzeichnisse von 1843 manche Meteore ohne Angabe der Farbe notirt worden, doch kann ich mit so gröfserer Sicherheit annehmen, dafs die hellern weifs, die sehr schwachen aber von nebelhaftem Ansehn gewesen seien. Die Farben waren im Jahre 1843 folgendermafsen vertheilt:

	Weifse	Gelbe	Gelbrothe	Grüne	Neblige
im Januar	= 8	= 0	= 3	= 1	= 1
- Februar	1	0	0	0	0
- März	7	2	3	0	0
- April	4	1	0	0	0
- Mai	5	0	2	0	0
- Juni	1	1	0	0	0
- Juli	4	2	2	1	0
- August	113	4	12	12	9
- September	76	11	17	3	1
- October	23	2	5	1	2
- November	31	1	1	1	0
- December	9	2	1	0	0
Summe	282	26	46	19	13

Demnach kommen auf 100 Meteore 73,2 Weifse
6,7 Gelbe
11,9 Gelbrothe
4,9 Grüne
3,4 Neblige.

3. Scheinbare Gröſse.

im Jan.	(1^m) = 3	(2^m) = 5	(3^m) = 1	(4^m) = 3	(5^m) = 1	(6^m) = 0
- Febr.	- 0	- 0	- 0	- 1	- 0	- 0
- März	- 5	- 4	- 3	- 0	- 0	- 0
- April	- 2	- 1	- 1	- 1	- 0	- 0
- Mai	- 4	- 2	- 0	- 1	- 0	- 0
- Juni	- 0	- 0	- 2	- 0	- 0	- 0
- Juli	- 4	- 3	- 2	- 0	- 0	- 0
- August	- 30	- 43	- 53	- 17	- 4	- 1
- Sept.	- 19	- 34	- 25	- 24	- 4	- 0
- Octob.	- 10	- 9	- 7	- 6	- 1	- 0
- Nov.	- 6	- 8	- 11	- 6	- 3	- 1
- Dec.	- 3	- 1	- 3	- 4	- 1	- 0
Summe	86	110	108	63	14	2

Wir finden sonach unter 100 Meteoren 22,3 der 1^m
28,6 - 2^m
28,0 - 3^m
16,3 - 4^m
3,6 - 5^m
0,5 - 6^m

4. Schweife.

Es sind im Jahre 1843 im Ganzen nur 18 geschweifte Meteore gesehen worden, und von diesen zeigten sich 10 im August, 4 im September, 3 im October und 1 im November. — Obgleich der Mondschein und die ungünstige Luft in den Hauptnächten viel zu der Seltenheit der Schweiferscheinungen beigetragen haben muſs, so will es mir doch vorkommen, als ob überhaupt im Jahre 1843 diese Phänomene sich nicht in der gewöhnlichen Häufigkeit gezeigt hätten. Unter diesen 18 geschweiften Meteoren waren

6 Weiſse	14 von der 1sten Gröſse,
2 Gelbe	4 von der 2ten Gröſse.
5 Gelbrothe	
5 Grüne	

Ueber die Dauer der Sichtbarkeit von Schweifen finde ich 16 Angaben, die zwischen 1^s und 5^s schwanken, das Mittel ist $1^s,8$. Am schnellsten erlosch die Schweifspur bei weifsen, am langsamsten bei grünen Meteoren, oder solchen, die verschiedene Farben zeigten.

5. Anomalien der Bewegung.

Meteore mit gekrümmten Bahnen sind in diesem Jahre nur 9 beobachtet worden; von diesen waren 6 gelb und gelbroth, und eine grün; der Lauf der Grünen war wellenförmig. Das Meteor N. 536. machte schufsweise Sätze, die zu beiden Seiten von der mittleren Bahnrichtung erheblich abwichen. Ein anderes Meteor N. 651. zeigte in der Mitte seines Laufes eine kurze aber starke Seitenbiegung.

6. Scheinbare Oerter.

Obgleich ich bei 11 Meteoren die Sterne angegeben habe, in deren Nähe die Erscheinung entstand und erlosch, so schliefse ich doch 9 von ihnen aus, weil ich die Bahnen nicht gleich in die Sterncharten eingetragen habe. Ich werde nur die Bahnen von 2 sehr merkwürdigen, genügend beobachteten grofsen Sternschnuppen hersetzen. Wie überall in der Folge, bezeichne ich die Rectescensionen (R) und Declinationen (δ) des Anfangs- und Endpunktes der scheinbaren Bahnen.

	Anfang		Ende					Dauer
N. 536.	$R = 282^0$	$\delta = +4^0$.	$R\ 358^0$	$\delta = +\ 6^0$.	2^m	Sept. 17.	8^h	7^s
N. 576.	$R = 350^0$	$\delta = +5^0$.	$R\ 235^0$	$\delta = +16^0$.	1^m	- 22.	$7^h,6$	9^s

Ueber diese beiden grofsen Sternschnuppen wird weiterhin die Rede sein.

7. Besondere Erscheinungen.

N. 317. Jan. 2. $2^m,3$ gelbroth, matt und strahlenlos mit merklichem Durchmesser.

N. 318. Jan. 2. 1^m es ging gegen das Ende die weifse Farbe in Grün über.

N. 329. März 6. 1^m das langsam ziehende weifse Meteor theilt sich in 2 Funken.

N. 330. März 20. 1^m tief am Horizonte, einer gelben Leuchtkugel ähnlich.

N. 340. 364. 396. 399. hatten den Glanz von Jupiter, und waren meistens grün.

N. 395. Aug. 4. 1^m tief gelbroth, sehr langsam, zeigt einen nebelartigen Anhang, dessen Axe stark gegen die Richtung der Bewegung geneigt ist.

N. 398. Aug. 6. 4^m Dies kleine rothe sternähnliche Meteor beobachtete ich telescopisch unter 90maliger Vergröfserung eines schönen Fernrohrs, vor der hellen Mondscheibe, während ich Cratergebirge abzeichnete. Es nahm scheinbar seinen Weg quer über die Mondscheibe vom Ringgebirge Gassend bis zum Furnerius.

N. 443. Aug. 11. 1^m die anfänglich grüne Farbe ging zuletzt in Roth über.

N. 536. Sept. 17. 2^m den grofsen Bogen von 76^0 in R bei einem Declinationsunterschiede von 2^0 durchlief die röthliche Sternschnuppe, der ein nur 3^0 langer Schweif folgte, in 7^s Zeit. Sie zog so langsam, dafs ich sie bequem von Stern zu Stern verfolgen, und die schufsweis zu- und abnehmende Bewegung, so wie die hiermit verbundenen Aenderungen ihres Lichtes deutlich auffassen konnte.

N. 576. Sept. 22. 1^m Ein an Glanz, Farbe und Gestalt gleich ausgezeichnetes Meteor bedeutend heller als Jupiter, durchlief bei dem Declinationsunterschiede von 11^0, einen Bogen von 120^0 in R. in 9^s Zeit. Der $\frac{1}{4}^0$ breite Schweif, fast 90^0 lang, blieb 5^s sichtbar. Das Meteor selbst war nach vorne scharf abgerundet, und verlief in den Schweif, parabolisch abgerundet, wie bei einigen grofsen Cometen.

Anmerkung. Die August- und Novemberphänomene beobachtete ich diesmal in Gemeinschaft mit den Herren Dr. Olde und Richard Schumacher, auf dem Hausobservatorio des Herrn Conferenzrath Schumacher in Altona. Beide Male war uns die Witterung nicht günstig, und dazu war im August der Mondschein sehr hinderlich. Am 12ten November schienen die Meteore ziemlich häufig zu sein, waren aber meistens sporadisch, und erinnerten in keiner Weise an die grofsen in frühern Jahren gesehenen bekannten Erscheinungen.

1844.

Die Beobachtungen dieses Jahres, in Hamburg und auf Hohenfelde angestellt, sind sehr reichhaltig und in jeder Beziehung erheblich sicherer als die früheren.

1. Anzahl der Meteore.

im Januar	16	Met. an	11	Tagen, darunter	2	Tage ohne Meteore
- Februar	4	- -	7	- -	5	- -
- März	7	- -	7	- -	2	- -
- April	27	- -	17	- -	8	- -
- Mai	8	- -	10	- -	6	- -
- Juni	4	- -	10	- -	6	- -
- Juli	37	- -	16	- -	6	- -
- August	312	- -	14	- -	1	- -
- Sept.	41	- -	15	- -	1	- -
- Octob.	28	- -	8	- -	0	- -
- Nov.	27	- -	6	- -	0	- -
- Dec.	12	- -	7	- -	2	- -
Summe	523	Met. an	128	Tagen, darunter	39	Tage ohne Meteore.

In der folgenden Zusammenstellung über die stündliche Anzahl der Meteore sind auch die Tage mit aufgenommen worden, an denen bei aufmerksamer Beobachtung in längerer Zeit Nichts gesehen wurde.

		stündl. Anzahl			stündl. Anzahl
Jan.	19.	= 2 Met.	April	21.	= 18 Met.
-	21.	0 -	-	24.	1 -
-	22.	0 -	-	26.	0 -
-	23.	2 -	-	27.	0 -
Febr.	13.	0 -	-	28.	0 -
-	15.	0 -	Mai	4.	0 -
-	16.	0 -	-	8.	0 -
-	20	0 -	-	11.	5 -
-	22.	0 -	-	15.	0 -
-	23.	0 -	Juli	1.	0 -
April	5.	0 -	-	2.	0 -
-	6.	0 -	-	4.	0 -
-	10.	0 -	-	9.	0 -
-	12.	6 -	-	10.	5 -
-	19.	0 -	-	11.	6 -

		stündl. Anzahl				stündl. Anzahl	
Juli	12.	= 0 Met.		Aug.	29.	= 0 Met.	
-	15.	6 -		Sept.	1.	0 -	
-	17.	2 -		-	3.	8 -	
-	22.	4 -		-	6.	2 -	
-	23.	6 -		-	18.	5 -	
-	24.	6 -		-	20.	4 -	
Aug.	4.	1 -		-	21.	1 -	
-	5.	6 -		Oct.	10.	8 -	
-	7.	11 -		-	12.	5 -	
-	8.	23 -		-	15.	3 -	
-	9.	23 -		Nov.	1.	8 -	(*)
-	10.	33 -		-	14.	7 -	
-	11.	15 -		Dec.	2.	2 -	
-	15.	8 -		-	4.	0 -	
-	20.	9 -	(*)	-	5.	0 -	
-	21.	6 -		-	7.	0 -	

Zu diesen Beobachtungen sind im Ganzen 105,4 Stunden benutzt worden; es sind mit inbegriffen auch die Stunden, in denen sich keine Meteore zeigten. Wollte man hieraus ein Mittel ableiten, so würde sich die stündliche Anzahl auf 4 herausstellen. Betrachtet man aber die Tage allein, an denen stets Meteore gesehen wurden, so kommen auf 48,4 Stunden 420 Sternschnuppen, wonach sich ergiebt, dafs ihrer 8—9 auf eine Stunde zu rechnen seien.

2. Farben.

	Weifse	Gelbe	Gelbrothe	Grüne	Neblige
im Januar	= 4	= 6	= 2	= 1	= 3
- Februar	2	2	0	0	0
- März	5	1	1	0	0
- April	12	7	1	0	7
- Mai	3	2	2	0	1
- Juni	1	2	1	0	0
- Juli	15	12	2	0	7
- August	228	35	6	24	19
- September	32	8	0	0	1
- October	23	3	1	1	0
- November	21	5	0	0	1
- December	6	3	1	1	1
Summe	352	86	17	27	40

Es kommen sonach auf 100 Meteore 67,3 Weifse
16,4 Gelbe
3,2 Gelbrothe
5,2 Grüne
7,6 Neblige.

3. Scheinbare Gröfsen.

Bei 4 Meteoren sind die Gröfsen nicht angemerkt worden.

	(1^m)	(2^m)	(3^m)	(4^m)	(5^m)	(6^m)
im Jan.	4	3	4	3	1	1
- Febr.	0	0	2	1	1	0
- März	0	0	4	2	1	0
- April	5	3	9	6	3	1
- Mai	2	1	2	2	1	0
- Juni	0	0	2	2	0	0
- Juli	5	5	15	7	3	1
- August	51	62	87	69	31	8
- Sept.	4	8	14	9	7	0
- Octob.	3	11	5	3	4	2
- Nov.	4	3	10	8	2	0
- Dec.	4	3	1	3	0	0
Summe	82	99	155	115	54	13

Aufserdem wurden 2 telescopische Meteore 9^m beobachtet im Juli und December.

Unter 100 Meteoren waren: 15,8 der 1^m
19,1 - 2^m
29,9 - 3^m
22,2 - 4^m
10,4 - 5^m
2,5 - 6^m

4. Schweife.

Unter den im Jahre 1844 beobachteten Meteoren finden sich 58 Geschweifte, von denen allein 43 im August.

Darunter sind Geschweifte: Weifs = 22 und 1^m = 36
Gelb = 21 - 2^m = 18
Gelbroth = 1 - 3^m = 4
Grün = 14 - 4^m = 0

8 Mal wurde bemerkt, daſs der Schweif in der Mitte ansehnlich breiter als an seinen beiden Enden erschien. Bei einer groſsen Sternschnuppe im December trennte sich der Schweif in mehrere Stücke. Da im Ganzen 82 Meteore der 1sten Gröſse, und unter diesen nur 37 geschweiſte waren, so zeigt sich daſs 45 Meteore von sehr hellem Glanze schweiflos waren.

Das folgende Verzeichniſs enthält 54 Beobachtungen über die Dauer der Sichtbarkeit des Schweifes (nicht des Meteores selbst). Die Farben beziehen sich nur auf den Meteorkörper selbst, nicht auf die Schweiſmaterie.

Farbe d. Met.	rothgelb	S.Dauer	3^s	Farbe d. Met.	gelb	S.Dauer	1^s
-	gelb	-	1	-	grün	-	1
-	gelb	-	1	-	grün	-	1
-	gelb	-	3	-	weiſs	-	1
-	grün	-	2	-	grün	-	1,5
-	weiſs	-	1	-	weiſs	-	1
-	weiſs	-	1	-	weiſs	-	1
-	weiſs	-	1	-	weiſs	-	1
-	weiſs	-	1	-	weiſs	-	1
-	gelb	-	1,5	-	weiſs	-	2
-	gelb	-	1	-	weiſs	-	0,5
-	gelb	-	1	-	grün	-	1
-	gelb	-	1	-	grün	-	1
-	gelb	-	2	-	gelb	-	2
-	grün	-	1	-	weiſs	-	1
-	weiſs	-	1	-	gelb	-	1
-	weiſs	-	0,5	-	grün	-	1
-	weiſs	-	1	-	gelb	-	1
-	weiſs	-	1	-	gelb	-	1
-	weiſs	-	1	-	weiſs	-	1
-	grün	-	6	-	weiſs	-	0,5
-	gelb	-	4	-	weiſs	-	2
-	gelb	-	1	-	gelb	-	1
-	grün	-	1	-	weiſs	-	1
-	weiſs	-	1	-	gelb	-	0,75
-	weiſs	-	0,5	-	grün	-	4
-	grün	-	3	-	weiſs	-	1

Aus diesen 54 Angaben finde ich die mittlere Schweifdauer $= 1^s,38$. Stelle ich die Dauer der Schweifsichtbarkeit in Rücksicht auf die Farben der Meteore zusammen, so ergiebt sich

Dauer des Schweifes bei Weifsen Met.	=	$1^s,00$	(24 Beob.)	$\pm 0^s,05$
- Gelben -	=	1,51	(18 -)	$\pm$ 0,15
- Grünen -	=	1,96	(12 -)	$\pm$ 0,29

Ein Verhältnifs, welches auch in andern Jahren sich ähnlich herausgestellt hat; indessen kann nicht bezweifelt werden, dafs es einer sehr grofsen Anzahl von zuverlässigen Beobachtungen bedürfe, um so feine und schwierig zu bestimmende Differenzen mit Sicherheit zu ermitteln; wenigstens zeigen die nebenstehenden wahrscheinlichen Fehler dieser Mittelzahlen, wie viel davon zu halten sei.

5. Anomale Bewegungen.

Im Jahre 1844 habe ich nur 17 mehr oder weniger gekrümmte Bahnen gesehen, von denen allein 12 auf August und September fallen. 7 von diesen hatten den Glanz von Sternen 1ster Gröfse, und die meisten waren gelb.

Aug. 7. $11^h,6$ sah ich den Lauf eines Meteors 1^m feingezackt; es wechselte gleichzeitig Licht und Farbe.

Aug. 10. 12,6 1^m kurzer am Ende plötzlich umgebogener Lauf.

Aug. 10. 12,8 sah ich ein Meteor 2^m, welches ganz den Eindruck machte, als flöge es mir ungewöhnlich nahe vorüber. Die scheinbare Geschwindigkeit war enorm. Aehnliche Bemerkungen werden sich noch einige Male wiederholen.

6. Besondere Erscheinungen.

N. 700. Jan. 9. $9^h,4$ grofse grüne und schweiflose Sternschnuppe im Glanze von Sirius.

Jan. 21 u. 22. waren bei dem heitersten Himmel viele Stunden der Nacht hindurch keine Meteore sichtbar.

April 6. 7. 8 u. 27. zeichneten sich zahlreiche Meteore durch vorzüglichen Glanz und leuchtende Farben aus.

N. 752. Mai 11. $9^h,8$ Meteor 1^m goldgelb mit rothem Schweife.

N. 766. Juli 10. $11^h,5$ Nachdem das goldfarbige sehr helle Meteor erloschen war, flog ein rothes Fragment noch eine Strecke in der Richtung der Bahn fort.

N. 763 u. 789. 1^m u. 4^m zeigten einen durch Lichtwechsel unterbrochenen Lauf.

N. 806. Aug. 5. $10^h,3$ 3^m war in der Mitte am hellsten, und erlosch allmälig.

N. 812. Aug. 5. $10^h,6$ 1^m prachtvoll grün im Glanze von Venus, einer Leuchtkugel ähnlich, scheint zu zerspringen, Schweif und röthliche Fragmente nachlassend.

N. 838. Aug. 7. $11^h,6$ 5^m grofse Nebelmasse von $\frac{1}{2}°$ Durchmesser.

N. 839. Aug. 7. $11^h,6$ 1^m zeigt einen feingezackten sägenförmigen Lauf. Sie wechselte Licht und Farbe, war in der Mitte ihres Wegs am hellsten, und erlosch schwach, rothe Fragmente nachlassend.

N. 921. Aug. 9. $10^h,9$ 2^m leuchtete 2 mal nacheinander auf.

N. 1058. Aug. 11. $10^h,0$ 4^m Nebelmasse v. merklichem Durchmesser.

N. 1083. Aug. 11. $11^h,5$ $1^m,2$ Eine seltene Sternschnuppe mit abwechselnd gelbem und rothem Lichte, blieb 6^s sichtbar; sie war an ihrem vorangehenden Theile sehr scharf elliptisch abgerundet.

N. 1171. Octob. 10. $10^h,1$ 1^m Das Meteor beginnt schwach, nimmt im weifsen Lichte stark an Glanz zu, nimmt wieder ab, um in grünem Glanze noch heller aufzustrahlen, und erlöscht plötzlich wie durch Explosion in der Helligkeit des Jupiter.

7. Anderweitig beobachtete Meteore und Bemerkungen.

Sept. 30. ist um $6^h,6$ ein sehr ansehnliches geschweiftes Meteor bei Hamburg gesehen worden.

Dec. 7. sah man in Hamburg Abends eine ungewöhnlich grofse Sternschnuppe.

Ueber ein am 20sten Februar Mittags zu Hannover während eines Schneegestöbers gesehenes detonirendes Feuermeteor giebt der „Correspondent der Hamb. wöchentl. Nachr. 1844. Febr. 26." die nähere Beschreibung.

Zum Behufe correspondirender Beobachtungen war ich in den Augustnächten auf der Hamburger, in den Novembernächten auf der Altonaer Sternwarte. Was den durch Meteorbeobachtungen ermittelten Meridianunterschied beider Stationen betrifft, so soll darüber später in einem besondern Abschnitte gesprochen werden.

1845.

Bis zum Anfange des April dieses Jahres beobachtete ich noch auf Hohenfelde, als ich Hamburg verliefs, um mich an den Rhein nach Düsseldorf zu Benzenberg zu begeben. — Es führte mich dieses Jahr mit dem Manne zusammen, der zuerst am Ende des vorigen Jahrhunderts mit seinem gleiche Interessen verfolgenden Freunde Brandes in Göttingen, die allgemeine Aufmerksamkeit auf die Erscheinungen der Sternschnuppen lenkte; der gleich Anfangs das Glück hatte, bei der praktischen Ausführung einer neuen wissenschaftlichen Idee in Lichtenbergs theilnehmender Aufmunterung eine grofse Stütze zu finden, die ihn gegen Spott und fremde beschränkte Ansichten schützen konnte. Die Hoffnung, an Benzenbergs neuerbauter Sternwarte zu Bilk bei Düsseldorf, eine seit wenigen Jahren begonnene astronomische Laufbahn fortzusetzen, in die ich erst durch Schumachers und Rümkers Anleitung eingetreten war, ist freilich nicht erfüllt worden; selbst die Aussicht, durch Benzenbergs bekanntes Interesse für die Sternschnuppen gefördert, diese Phänomene nach einem für die Wissenschaft erfolgreicheren Plane denn zuvor, beobachten zu können, zeigte sich bald, und im weitern Verlaufe meines halbjährigen Aufenthaltes an der Sternwarte zu Bilk, wenig gegründet. Da der Bau der Sternwarte sich sehr hinzog, und damals aufser einem fehlerhaften Sextanten sich kein Instrument vorfand, mit welchem ich eine brauchbare astronomische Messung hätte ausführen können, so sah ich mich genöthigt, die klaren Nächte ganz zur Beobachtung der veränderlichen Sterne und vorzugsweise der Meteore zu verwenden. Benzenberg war damals 68 Jahr alt; obgleich er noch täglich und mit besonderer Vorliebe von den Sternschnuppen sprach, war doch der Zustand seiner mehr und mehr abnehmenden geistigen Kräfte, bedingt durch früheres und späteres Unglück, der Art, dafs an einen neuen Plan, die Meteore zu beobachten, nicht zu denken war. Während Benzenberg allerdings mit Recht alles Gewicht auf die parallaktischen Bestimmungen, auf die Raumgeschwindigkeiten der Meteore legte, ohne auswärts Veranlassung zu correspondirenden Beobachtungen zu geben, während er einen andern Hauptzweck dieser Untersuchungen nur in der Ermittelung der stündlichen Anzahl der Meteore suchte, und im Allgemeinen an den in seinen spätern Schriften ausgesprochenen Ansichten, wie an einer fixen Idee haftete, fuhr ich ruhig fort, die Erscheinungen der Sternschnuppen nach dem alten Plane zu verfolgen. Im October verliefs ich Bilk. Die spätern Beobachtungen dieses Jahres sind theils auf einer Rheinreise und in Bonn, theils in Hamburg, meistens aber seit der Mitte des November zu Eutin in Holstein (Breite 54° 8′) angestellt worden.

1. Anzahl der Meteore.

im	Januar =	4	Met.	an	4	Tagen, darunt.	an	0	Tagen	keine Met.
-	Februar	5	-	-	3	-	-	0	-	-
-	März	5	-	-	4	-	-	0	-	-
-	April	14	-	-	8	-	-	0	-	-
-	Mai	7	-	-	7	-	-	9	-	-
-	Juni	32	-	-	11	-	-	0	-	-
-	Juli	34	-	-	12	-	-	3	-	-
-	August	262	-	-	18	-	-	2	-	-
-	Sept.	93	-	-	19	-	-	2	-	-
-	Octob.	75	-	-	14	-	-	1	-	-
-	Nov.	40	-	-	25	-	-	7	-	-
-	Dec.	42	-	-	28	-	-	8	-	-
	Summe	613	Met.	an	153	Tagen, darunt.	an	32	Tagen	keine Met.

Von den 613 Meteoren sind beobachtet

in	Bilk	= 390
-	Eutin	= 78
-	Düsseldorf	= 25

in Hamburg = 23
- Bonn = 44
- Altenahr = 11 und die übrigen während der Reise. Die 4 Januarbeobachtungen sind verloren gegangen, so dafs ich sie nur in der Jahressumme mit anführen kann.

Ueber die stündliche Anzahl habe ich folgende Zahlen von freilich sehr verschiedener Sicherheit ermitteln können.

		stündl. Anzahl	
April	25.	= 2 Met.	
-	28.	1 -	
Mai	2.	0 -	
-	10.	0 -	
-	26.	11 -	(*)
-	28.	2 -	
-	31.	1 -	
Juni	4.	10 -	(*)
-	10.	6 -	
-	11.	5 -	
Juli	3.	4 -	
-	6.	2 -	
-	7.	5 -	
-	22.	0 -	
-	23.	0 -	
-	24.	0 -	
Aug.	2.	9 -	
-	3.	13 -	
-	4.	12 -	
-	8.	20 -	
-	9.	29 -	
-	11.	15 -	
-	20.	0 -	
-	22.	1 -	
-	24.	5 -	
-	25.	9 -	(*)
-	26.	10 -	
-	29.	10 -	
-	30.	3 -	
Sept.	1.	4 -	
-	5.	22 -	(*)

		stündl. Anzahl	
Sept.	7.	= 15 Met.	
-	8.	7 -	
-	11.	5 -	(*)
-	12.	22 -	(*)
-	13.	0 -	(*)
-	15.	1 -	
-	19.	6 -	(*)
-	20.	7 -	
-	23.	1 -	
-	24.	12 -	
-	28.	5 -	
Oct.	1.	5 -	
-	3.	10 -	
-	7.	7 -	
-	20.	8 -	(*)
-	24.	10 -	
Nov.	5.	0 -	
-	8.	2 -	(*)
-	20.	5 -	
-	21.	2 -	
-	23.	4 -	
-	29.	0 -	
Dec.	3.	8 -	
-	4.	4 -	
-	6.	0 -	
-	9.	1 -	
-	13.	0 -	
-	14.	0 -	
-	16.	0 -	
-	28.	8 -	

Gehe ich auf die Zahlen zurück, aus welchen ich obige Werthe für die stündliche Anzahl abgeleitet habe, so finde ich, dafs im Ganzen 101 Stunden lang nach Meteoren ohne Unterbrechung bei mehr oder weniger günstigem Zustande der Luft ausgesehen worden ist. Unter diesen 101 Stunden waren 34,5 Stunden, in denen keine Meteore gesehen wurden, in den übrigen 66,5 Stunden sah ich deren aber 498. Betrachte ich blofs diese letztere Zeit, so ergiebt sich aus ihr die mittlere stündliche Anzahl = 7—8, ziehe ich aber die andern $34^h,5$ mit hinzu, so erhalte ich für den Zeitraum von Ende April bis Ende December die mittlere stündliche Anzahl = 5.

2. Farben.

	Weifse	Gelbe	Gelbrothe	Grüne	Neblige
im Februar	= 3	= 0	= 1	= 0	= 1
- März	5	0	0	0	0
- April	8	0	2	0	4
- Mai	4	1	0	0	2
- Juni	21	7	1	0	3
- Juli	24	5	1	1	3
- August	207	4	20	4	25
- September	59	9	1	1	23
- October	43	12	10	1	9
- November	19	8	0	0	13
- December	22	4	3	1	10
Summe	415	50	39	8	93

Also finden sich unter 100 Meteoren 68,6 Weifse
8,3 Gelbe
6,4 Gelbrothe
1,3 Grüne
15,4 Neblige.

N. 1233. März 31. zeigte gleichzeitig Weifs und Roth, ebenso
N. 1285. 1292. 1346. waren weifs und grün.
N. 1451. abwechselnd grün und roth.
N. 1819. Dec. 23. „trübe braunroth".

3. Scheinbare Gröfsen.

im Febr.	(1m) = 0	(2m) = 0	(3m) = 2	(4m) = 1	(5m) = 0	(6m) = 0
- März	0	3	0	2	0	0
- April	1	2	2	5	4	0
- Mai	1	2	2	0	2	0
- Juni	6	5	7	12	2	0
- Juli	7	4	13	7	2	0
- August	35	44	64	58	43	15
- Sept.	3	9	21	27	20	13
- Octob.	7	17	24	13	9	4
- Nov.	1	5	17	10	7	1
- Dec.	4	7	10	17	4	0
Summe	65	98	162	152	93	33

Aufserdem Telescopische: 7m = 0
8m = 1
9m = 1

Woraus folgt, dafs unter 100 Meteoren vorkommen: 10,8 der 1m
16,2 - 2m
26,8 - 3m
25,2 - 4m
15,4 - 5m
5,5 - 6m

4. Schweife.

Im Ganzen sind im Jahre 1845 53 geschweifte Meteore gesehen worden, und zwar

im Juli 4 geschweifte, darunt. 3 weifs, 1 weifsgrün;
- Aug. 37 - - 24 weifs, 11 gelb, 1 gelbroth, 1 grün;
- Sept. 4 - - 3 weifs, 1 gelb;
- Oct. 7 - - 4 weifs, 1 gelb, 2 gelbroth;
- Dec. 1 - - 1 gelb.

Geschweifte: 1m = 27.
2m = 18.
3m = 8.

Geschweifte Meteore: weifs = 34 mal.
gelb = 14 -
gelbroth = 3 -
grün = 2 -

Da nun im Ganzen 65 Meteore der 1sten Gröfse beobachtet wurden, und von diesen nur 27 Schweife hatten, so folgt, dafs bei 38 hellen Phänomenen der Schweif fehlte. 15 Angaben über die Dauer der Sichtbarkeit des Schweifes schwanken zwischen $0^s,5$ und 3^s. Ueber das grofse Meteor vom 24. October, dessen Schweif 7 Minuten sichtbar blieb, werde ich das Detail der merkwürdigen Beobachtung später mittheilen.

Sehr glanzvolle, leuchtend grüne Meteore ohne alle Schweifspur waren:

N. 1447. Aug. 9. beobachtet auf der Sternwarte zu Bilk.

N. 1605. Sept. 6. beobachtet in der Nähe des Siebengebirges.

Da Alles, was bei diesen Erscheinungen auf die Schweifmaterie hinzudeuten scheint, hier am besten seine Stelle findet, so erwähne ich noch folgende Beobachtungen:

Juni 22. $11^h,4$ sah ich auf der Sternwarte zu Bilk ein Meteor 2^m, strahlenlos und weifsröthlich, welches einen wenigstens 7′ im Durchmesser grofsen Nebelnimbus um sich hatte. Dieser bildete sich erst gegen das Ende der Erscheinung. Nebelartige Meteore der gewöhnlichen Art, aber von schwachem Lichte, sah ich 7.

N. 1656. Sept. 23. $9^h,4$ 6^m zeigte eine andere seltene Eigenthümlichkeit. Das Meteor zog nämlich ein nebelartiges Fragment schräge hinter sich her, in welchem ich verschiedene matt phosphorescirende Punkte erkennen konnte. Durchmesser wohl 10′. Etwas Aehnliches wurde 1849 im August auf der Hamburger Sternwarte von Herrn Weyer beobachtet.

5. Anomale Bewegungen.

Im Jahre 1845 wurden im Ganzen 26 Meteore von unregelmäfsigem Laufe gesehen, von denen allein 18 in den 3 Monaten August, September, October erschienen. N. 1538 u. 1698. waren mehr oder weniger wellenförmig, geschlängelt. N. 1250 u. 1806. beschrieben einen starken Bogen. N. 1359. machte in der Mitte ihres Laufes eine Seitenbewegung, die gegen die ursprüngliche

Richtung etwa 60° geneigt war. Bei 3 andern Sternschnuppen finde ich ausdrücklich bemerkt, dafs sie auffallend nahe zu sein schienen.

6. Scheinbare Oerter.

Am 8., 9. und 11. August habe ich auf der Sternwarte zu Bilk folgende Bahnen in die Charten eintragen können.

			R	δ		R	δ	
Aug. 8.	N. 1387.	Anfang	206°,2	+25°	Ende	212°,8	+14°	
	1388.	-	152,1	+75	-	122	+62	
	1389.	-	176	+56	-	189,2	+38	
	1390.	-	130,8	+55	-	142,1	+46	
	1392.	-	320	+68	-	290	+67,5	
	1394.	-	145,3	+59	-	165,1	+45,4	
	1399.	-	140	+56	-	134	+48	
	1401.	-	140	+63,5	-	153,6	+58	
	1409.	-	133,5	+64	-	143	+63,5	
	1412.	-	232,5	+72,5	-	230,3	+59,5	
	1416.	-	286,5	+67,5	-	263,2	+55,5	
	1419.	-	175	+58,8	-	182,2	+55	
Aug. 9.	1447.	Mitte	233	+ 1	-	223,2	+ 8	grofses grünes Meteor.
	1450.	Anfang	163,2	+62,6	-	176,2	+54,5	
	1462.	-	156	+66	-	163,2	+62,7	
	1476.	-	12,2	+59	-	359,8	+58	
	1480.	-	320,7	+69	-	290	+63,5	
	1501.	-	39,7	+55	-	30	+41,5	
Aug. 11.	1520.	-	259,5	+37,5	-	251	+46	

6. Besondere Erscheinungen.

Die beiden telescopischen Sternschnuppen 8^m und 9^m sind am 3. und 7. Februar mit einem Cometensucher auf der Hamburger Sternwarte gesehen worden.

N. 1229. (3^m) am 1. März; erschien als einfach aufleuchtender Punkt fast ohne Bewegung. Beispiele vom Erlöschen und Wiederaufleuchten gaben 6 Meteore, meist glänzende Erscheinungen.

N. 1318. 1^m und rothgelb bedurfte 5^s, um 12° zu durchlaufen.

N. 1447. Aug. 9. 11^h 55′ (Bilk) eine sehr prachtvolle Erscheinung. Das Meteor heller als Venus machte mit seinem smaragdgrünen strahlenwerfenden Lichte fast alle kleinen Sterne in seiner Nähe momentan verschwinden. Gegen das Ende des Laufs ging das Grün in Roth über. Der Durchmesser war sicher nicht unter 5′. Eine Schweiffigur war wenig oder gar nicht zu erkennen.

N. 1451. Aug. 9. 12^h 5′ (1^m) ebenfalls schön; erst grün, dann am Ende roth, leuchtete es 2 mal auf, und liefs nach dem Erlöschen 2 gelbe Schweifstücke übrig, von denen das Vorangehende nach 3^s, das Folgende nach 7^s verschwand.

N. 1504. leuchtete hinter Wolken wie ein Blitzstrahl.

N. 1605. Sept. 6. 9^h,7 sah ich während einer Fahrt auf dem Rheine. Es übertraf Jupiter bedeutend an Glanz, und zeigte keinen Schweif. Die Farbe war grün. Der Glanz so mächtig, dafs die leuchtende lange Bahn in Form einer grofsen grünen Schlangenlinie aus dem bewegten Wasser des Stromes reflectirt, einen höchst überraschenden Eindruck bewirkte.

N. 1708. Octob. 7. 8^h,2 1^m war vorne deutlich abgerundet, wie zuweilen der Nucleus grofser Cometen.

N. 1734. Octob. 24. 12^h (Bonn) ein rothes Meteor, welches die Nacht wie ein schwacher Blitz erhellte. Ueber die wunderbaren Krümmungen und Bewegungen seines 7^m lang sichtbaren Schweifes, welche ich gleichzeitig mit Herrn Prof. Argelander, sogar mit Hülfe eines kleinen Fernrohrs genau verfolgen konnte, wird später das Nähere mitgetheilt werden.

N. 1762. Nov. 12. 12^h,4 heller als Jupiter, sehr schön goldfarbig.

8. Anderweitig beobachtete Meteore.

Mir ist im Jahre 1845 noch mitgetheilt worden, dafs Jan. 27. 5^h,5 und März 10. 8^h,9 in der Nähe von Hamburg bedeutende Feuermeteore gesehen worden sind.

1846.

Vom 1. Januar bis zu Ende des Monats sind die Beobachtungen theils in Holstein und Hamburg, theils auf der Reise an den Rhein angestellt worden; die Fortsetzung derselben geschah dann, so weit andere Arbeiten es gestatteten, ohne erhebliche Unterbrechung auf der königl. Sternwarte zu Bonn. Bei Gelegenheit von sehr zahlreichen Ortsbestimmungen der vielen im Jahre 1846 entdeckten Cometen, konnte ich meistens nur beiläufig meine Aufmerksamkeit den Meteoren zuwenden; anderseits aber wurde ich dadurch in den Stand gesetzt, mir von der großen Häufigkeit und den Eigenthümlichkeiten der kleinsten telescopischen Sternschnuppen Kenntniß zu verschaffen.

1. Anzahl der Meteore.

Unter den 411 im Jahre 1846 beobachteten Meteoren sind allein 351 in Bonn gesehen worden, die übrigen in Holstein und auf der Reise:

im	Januar	= 27	Meteore	an	4	Tagen
-	Februar	= 7	-	-	3	-
-	März	= 11	-	-	6	-
-	April	= 11	-	-	5	-
-	Mai	= 9	-	-	7	-
-	Juni	= 27	-	-	15	-
-	Juli	= 124	-	-	10	-
-	August	= 70	-	-	16	-
-	September	= 8	-	-	5	-
-	October	= 25	-	-	12	-
-	November	= 66	-	-	6	-
-	December	= 26	-	-	4	-
	Summe	= 411	Meteore	an	93	Tagen.

Ich finde nur noch angemerkt, daß April 27. und Juli 5. bis 13. bei sehr heiterer Luft in längerer Beobachtung keine Sternschnuppen gesehen wurden. — Die geringe Zahl 70 für den August rührt von der Störung her, welche die Beobachtungen durch Mondschein und trüben Himmel erlitten. Für die Häufigkeit der Erscheinung lassen sich folgende Angaben ermitteln.

		stündl. Anzahl			stündl. Anzahl	
Jan	2.	= 5 Met.	Aug.	3.	= 6 Met.	
-	3.	11 -	-	4.	5 -	
März	29.	6 -	-	10.	17 -	
Juni	19.	5 -	-	12.	2 -	
Juli	23.	9 -	-	28.	2 -	
-	24.	6 -	Oct.	18.	12 -	(*)
-	28.	14 -	Nov.	11.	4 -	
-	29.	14 -	-	13.	7 -	
-	30.	3 -	-	17.	5 -	
-	31.	7 -	Dec.	11.	8 -	

Diese Zahlen sind meistens recht sicher, namentlich die für den Julimonat geltenden. Nach ihnen ist die mittlere stündliche Anzahl zwischen 7 und 8, welche Zahl indessen sich auf Tage bezieht, an denen die Meteore durchschnittlich häufig waren.

2. Farben.

	Weifse	Gelbe	Gelbrothe	Grüne	Neblige
im Januar	= 16	= 5	= 2	= 0	= 4
- Februar	5	0	1	0	1
- März	5	2	2	2	0
- April	7	1	1	0	2
- Mai	6	2	1	0	0
- Juni	15	8	1	0	4
- Juli	83	6	2	5	28
- August	35	17	5	2	11
- September	4	0	2	0	2
- October	10	3	6	0	6
- November	30	6	4	4	22
- December	14	5	0	2	5
Summe	230	55	27	15	85
oder nach Abzug der Telescopischen					
	217	53	24	15	85

Anmerkung. Da ich in diesem Jahre angefangen habe, die telescopischen Meteore mit in das Verzeichnifs aufzunehmen, so werde ich, wie auch für die folgenden Jahre, es vorziehen, über sie in einem eigenen Abschnitte zu verhandeln. 1846 beobachtete ich 18 telescopische Meteore, und zwar 13 Weifse, 2 Gelbe und 3 Rothe.

Demnach kommen auf 100 Meteore: 55,1 Weifse
13,4 Gelbe
6,1 Gelbrothe
3,8 Grüne
21,6 Neblige.

3. Scheinbare Gröfsen.

	(1^m)	(2^m)	(3^m)	(4^m)	(5^m)	(6^m)
im Jan.	3	6	4	9	4	1
- Febr.	0	3	2	2	0	0
- März	4	0	2	0	0	1
- April	1	3	1	2	1	1
- Mai	0	2	4	0	0	0
- Juni	4	8	9	4	2	0
- Juli	18	25	24	33	19	5
- August	21	12	13	14	3	1
- Sept.	2	1	2	2	0	1
- Octob.	4	5	2	5	6	0
- Nov.	9	11	5	22	16	2
- Dec.	8	5	8	5	0	0
Summe	74	81	76	98	51	12

Es sind also unter 100 Meteoren: 18,8 der 1^m
20,6 - 2^m
19,5 - 3^m
25,0 - 4^m
13,0 - 5^m
3,1 - 6^m

4. Schweife.

Im Ganzen sind im Jahre 1846 39 geschweifte Meteore gesehen worden, und zwar im Januar, Juli, August, October und November. Es zeigte sich die Schweifspur

21 Mal bei Met. von	weifser	Farbe und	24 Mal bei Met. der	1^m
6 - - - -	gelber	- -	10 - - - - -	2^m
5 - - - -	gelbrother	- -	3 - - - - -	3^m
5 - - - -	grüner	- -	1 - - - - -	4^m
2 - - - -	nebliger			

9 mehr oder weniger ausgezeichnete und zum Theil sehr glänzende Meteore von grüner Farbe hatten keinen Schweif, dasselbe gilt von 5 andern hellen Erscheinungen von weifser, gelber oder gelbrother Färbung. 5 Meteore zeigten einen nebelartigen Nucleus von ansehnlichem Durchmesser. Bei 2 andern Sternschnuppen erschien das Schweiffragment in der Mitte breit, an beiden Enden aber fein zugespitzt.

5. Anomalien der Bewegung.

Unter den 22 verschiedenartig gekrümmten Meteoren sind 13 weifs, 3 gelb, 4 gelbroth, 1 grün und 1 nebelartig; die meisten, nämlich 10 in einem Monate, wurden im Juli gesehen. Zweimal zeigte sich die Krümmung nur am Ende der Bahn, einmal war sie halbkreisförmig, einmal blitzähnlich, unregelmäfsig geschlängelt. Aufserdem kömmt in diesem Jahre noch die wellenförmige (Meteor grün) und die fein gezackte Bewegung, jede ein Mal vor.

6. Besondere Erscheinungen.

Das Aussetzen und schnelle Wiederaufleuchten des Meteors wurde gesehen:

N. 1861. Feb. 10. 2^m rothgelb, gekrümmt.

N. 1879. April 23. 4^m zeigte sehr stark wechselndes, bald helles, bald trübes Licht.

Sehr grofse und glänzende Sternschnuppen, aber immer noch keine eigentlichen sogenannten Feuerkugeln, waren folgende:

N. 1867. März 10. $9^h,7$ 1^m sehr langsam und grün, sie erhellte das Zimmer, obgleich dieses von einer Lampe und zum Theil durch Vollmondschein ohnehin erleuchtet war; vom Schweife zeigte sich keine Spur.

N. 1872. März 21. $9^h,1$ 1^m viel heller als Sirius, leuchtend grün, schweiflos.

N. 1950. Juli 23. $12^h,6$ 1^m prachtvoll grün, geschweift, endete genau an α Bootis.

N. 1988. Juli 29. $11^h,0$ 3^m auffallend durch ihre langsame Bewegung in 4^s Zeit.

N. 2018. Juli 29. $12^h,9$ 1^m langsam, grün, schweiflos, wellenförmige Bewegung.

N. 2022. Juli 29. $13^h,3$ 1^m langsam, grün, läfst ein Funkenfragment zurück.

N. 2082. Aug. 10. $10^h,6$ 1^m dieses ausgezeichnete Meteor erlosch im Glanze von Venus mit rothem Lichte, und liefs ein Schweiffragment zurück, welches vom Hauptkörper getrennt, in der Mitte bedeutend breiter war, und schnell verschwand.

N. 2087. Aug. 10. $11^h,6$ 1^m eine seltene und schöne Erscheinung; sie entstand unscheinbar röthlich am Kopfe des Drachen, und erlosch nahe bei α Aurigae, nachdem ihr Licht im blendenden Grün den Glanz von Jupiter erreicht hatte. Ihre Bewegung war ungemein langsam; sie blieb 8 volle Secunden sichtbar, und zog nur eine matte Schweifspur hinter sich her. Als sie erlosch, zog ein trübes rothes Fragment in Zeit von 2^s noch einige Grade weiter.

7. Anderweitig beobachtete Meteore.

Juni 19. noch in der hellen Abenddämmerung ist an sehr vielen Orten der Rheinprovinz ein grofses Feuermeteor gesehen worden. Ich selbst bemerkte nur den blitzähnlichen rothen Schein, als ich gerade vom Fernrohre des Ostthurmes der Sternwarte zurückkehrend, die Treppe hinabstieg. Die Erscheinung wurde in Bonn und in der Umgegend von sehr vielen Personen bemerkt; eine Detonation hat hier Niemand gehört. Die öffentlichen Blätter damaliger Zeit enthalten über dies Meteor zahlreiche Nachrichten.

Juli 29. Auch an diesem Abende hat man an verschiedenen Orten bedeutende Meteore gesehen, und um so eher davon gesprochen und darüber geschrieben, weil solche Erscheinungen mit dem nicht unbedeutenden Erdbeben [1]) zu-

---

[1]) Vergl. „Das rheinische Erdbeben vom 29. Juli 1846 etc., beschrieben von J. Nöggerath. Bonn, 1847. p. 40 ff." Andere Nachrichten über Feuermeteore bei Erdbeben findet man: „Hoffmanns hinterlassene Werke. Bd. II. Berlin, 1838. p. 386 ff. Humboldt, ältere Schriften. Kosmos I. p. 214."

sammentrafen, welches um $9^h 24^m$ m. Bonner Zeit einen so beträchtlichen Theil der Rheinprovinz erschütterte. Als ich eine Stunde nach dem Erdbeben, welches ich in meinem an der Nordseite der Sternwarte liegenden Zimmer ebenso wie den unterirdischen Donner sehr stark verspürt hatte, mich in der ungemein heitern, stillen und schwülen Nacht zum Beobachten anschickte, war auch mir die grofse Häufigkeit der Sternschnuppen auffallend, weil ich damals noch nicht wufste, dafs in jedem Jahre in den letzten Tagen des Juli dem grofsen Laurentiusstrome ein anderer periodischer Meteorschwarm vorangeht.

Oct. 17. $6^h,3$ ist zu Bonn und an vielen andern entfernten Orten wieder ein grofses Feuermeteor gesehen worden.

Nov. 28. In demselben Augenblick, als während des magnetischen Termines, hier vom Prof. Radicke eine grofse plötzlich eintretende Störung der Declinationsbewegung des Magneten beobachtet wurde, sah der Mechaniker Herr Henkel im SO. eine grofse Feuerkugel.

Aufserdem finde ich noch folgende Nachrichten:

Nov. 15. $7^h 47^m$ grofses Meteor in Hamburg beob. (briefl. Mitthl.)

Nov. 23. Desgleichen in Berlin (briefl. Mitthl.).

Juli 31. $9^h,5$ grofses ohne Detonation zerplatzendes Meteor in Altona beobachtet.

Compt. rend. N. 9. Aug. 31. 1846. Note sur une substance tombée de l'Atmosphère.

Ueber 2 Meteorfälle in Kleinasien: le Courrier de Constantinople, Juin 1846.

Meteorsteinfall in Baiern. 1846. Dec. 25.

Im „2ten Hefte der Jahresberichte des Vereins für vaterländische Naturkunde in Württemberg" für 1846. p. 383 ff. findet sich eine interessante Beschreibung solches Phänomens. Da ich glaube, dafs dasselbe wenig bekannt geworden ist, so werde ich hier einen Auszug des von Chr. L. Landbeck in Klingenbad bei Schönenberg verfafsten Aufsatzes mittheilen.

Am 25. December 1846 Nachmittags 2^h bei trübem Schneehimmel wurde der Berichterstatter durch 4 langsam aufeinander folgende, kanonenschufsähnliche Explosionen, und noch mehr durch die Wiederholung derselben, so wie durch seltsame Modificationen des Schallphänomens auf das Meteor aufmerksam gemacht. Die ganze Erscheinung soll 3 Minuten (?) gedauert haben, und das Gewölk hatte sich in Folge der heftigen Lufterschütterung in der Richtung der Meteorbahn gespalten, so dafs die Sonne hervortrat, und die andern Wolken auflöste. Landbeck erfuhr gleich darauf, dafs in den mit Schnee bedeckten Garten des B. Emminger zu Dorf Schönenberg ein grofser Stein heruntergefahren sei. An Ort und Stelle fand er, dafs der Stein den hartgefrorenen Lehmboden 2 Fufs tief durchschlagen hatte, und bei etwas erhöhter Temperatur noch Schwefelgeruch verbreitete. Der Meteorstein bildet eine abgestutzte unregelmäfsige Pyramide mit 4 schmäleren und einer breitern Seitenfläche, einer ziemlich ebenen Grundfläche und einer stumpf prismatischen Spitze, mit meistens abgerundeten Kanten. Auf der Oberfläche ist er uneben, mit einer schwarzen schlackenartig geflossenen Rinde überzogen, und scheint das Bruchstück einer gröfsern Steinmasse zu sein. Die innere Structur gleicht der eines feinkörnigen Dolerits, der Bruch ist weifsgraulich und weifs gefleckt, und es sind viele Metallflimmerchen, welche von metallischen Krystallen herrühren, die gröfstentheils aus octaëdrischem Eisen, Nickel u. s. w. bestehen, darauf zu bemerken, während die übrigen Bestandtheile weniger deutlich hervortreten. Auf der äufsern schwarzen Rinde zeigen sich einzelne erhabene Eisenstreifen und Körner, welche theils unregelmäfsig, theils krystallinisch geformt sind, und die Magnetnadel anziehen, auch durch Berührung im Wasser mit Rost beschlagen werden. Das körnige Gefüge ist zwar ziemlich dicht, so dafs der Stein am Stahl Feuerfunken giebt, aber Stückchen davon sind mit den Fingern leicht zu zerreiben. Das Gewicht des Ganzen beträgt 17 Pfund 5 Loth würt. und erscheint zu seiner Gröfse, 8 Zoll Höhe, 7 Zoll Breite und 5 Zoll Dicke, par. Mafs, als bedeutend, indem das spec. Gewicht = 3,7 ist. Nach verschiedenen Aussagen ist es wahrscheinlich, dafs sowohl im Mindel- als Kamelthal noch mehrere Bruchstücke niedergefallen sind. Das Schallphänomen erstreckte sich gegen 15—20 Stunden weit. — Der Meteorstein wurde von der königl. Bayrischen Regierung für das Münchener Kabinet requirirt.

1847.

Obgleich ich in diesem Jahre, der zahlreichen Cometenbeobachtungen wegen, noch weniger Zeit und Gelegenheit hatte, den Meteoren die frühere Aufmerksamkeit zuzuwenden, so ist doch das Journal von 1847 noch um 62 Beobachtungen reicher als das von 1846. Bei Weitem die meisten Sternschnuppen sind in Bonn gesehen worden.

1. Anzahl der Meteore.

im	Januar	=	9	Meteore	in	5	Tagen
-	Februar	=	6	-	-	3	-
-	März	=	17	-	-	9	-
-	April	=	10	-	-	5	-
-	Mai	=	14	-	-	8	-
-	Juni	=	14	-	-	7	-
-	Juli	=	38	-	-	9	-
-	August	=	188	-	-	15	-
-	September	=	21	-	-	9	-
-	October	=	21	-	-	9	-
-	November	=	34	-	-	9	-
-	December	=	101	-	-	10	-
	Summe	=	473	Meteore	in	98	Tagen

Aufserdem sind noch 6 Tage angemerkt, an denen keine Meteore gesehen wurden.

Ueber die stündliche Anzahl finde ich nur wenige Angaben, weil ich zu selten Gelegenheit hatte, mehrere Stunden lang ohne Unterbrechung beobachten zu können.

Juli	6.	stündliche Anzahl	= 5 Met.	
-	15.	- -	2 -	
Aug.	9.	- -	32 -	(*)
-	10.	- -	34 -	(*)
-	11.	- -	39 -	
-	12.	- -	11 -	
Sept.	7.	- -	9 -	(*)
-	12.	- -	4 -	
Oct.	10.	- -	10 -	
Nov.	2.	- -	7 -	
-	10.	- -	11 -	(*)
Dec.	12.	- -	18 -	

Die Angaben für Aug. 11. und Dec. 12. sind gewifs recht sicher.

2. Farben.

	Weifse	Gelbe	Gelbrothe	Grüne	Neblige
im Januar	= 4	= 0	= 2	= 0	= 3
- Februar	3	2	1	0	0
- März	6	5	3	0	3
- April	5	2	0	0	3
- Mai	8	2	2	0	2
- Juni	11	3	0	0	0
- Juli	17	9	2	1	9
- August	105	35	8	1	39
- September	14	3	3	0	1
- October	11	1	2	1	6
- November	22	0	7	2	3
- December	63	10	5	2	21
Summe	269	72	35	7	90
und nach Abzug der Telescopischen					
	262	61	33	7	86

So dafs unter 100 Meteoren vorkommen:

58,4 Weifse
13,4 Gelbe
7,3 Gelbrothe
1,6 Grüne
19,2 Neblige.

3. Scheinbare Gröfsen.

	(1^m)	(2^m)	(3^m)	(4^m)	(5^m)	(6^m)
im Jan.	= 2	= 1	= 2	= 0	= 3	= 1
- Febr.	1	1	2	0	0	0
- März	4	4	3	3	1	0
- April	0	2	1	1	2	0
- Mai	3	4	3	2	1	1
- Juni	0	3	4	7	0	0
- Juli	8	5	7	10	4	0
- August	43	22	30	40	24	11
- Sept.	4	5	3	4	2	0
- Octob.	2	7	3	6	3	0
- Nov.	9	8	4	8	4	1
- Dec.	22	23	19	23	8	5
Summe	98	85	81	104	52	19

Wir finden also unter 100 Meteoren:

22,3 der 1^m
19,3 - 2^m
18,5 - 3^m
23,8 - 4^m
11,8 - 5^m
4,3 - 6^m

4. Schweife.

Unter den im Jahre 1847 beobachteten Meteoren waren 80 Geschweifte, und zwar:

Schweife bei			bei Met. der	
weifsen	Met.	= 34 Mal,	1^m	= 48 Mal
- gelben	-	= 35 -	- 2^m	= 17 -
- gelbrothen	-	= 6 -	- 3^m	= 8 -
- grünen	-	= 3 -	- 4^m	= 3 -
- nebligen	-	= 2	4 geschw. Met. waren telesc. klein.	

Sehr grofse glänzende Sternschnuppen ohne Schweife waren folgende:

N. 2293. Mai 10. 1^m gleich Venus, rothgelb, schweiflos.
N. 2565. Oct. 10. 1^m grün, sehr grofs, schweiflos.
N. 2600. Nov. 8. 1^m grün, schweiflos.

Was sich auf die Dauer der Sichtbarkeit von Schweifen bezieht, beschränkt sich auf die 3 folgenden Angaben:

Schweifdauer bei einem weifsen Met. = 1″,0
- - gelben - = 7,0
- - gelben - = 3,5 (telescopisch beob.)

Die grofsen lichtschwachen Nebelmeteore von ansehnlichem Durchmesser schienen 1847 zu fehlen. Ich sah nur 1 derartiges am 10. August.

5. Anomalien der Bewegung.

Von den 21 gekrümmten Meteoren sah ich im März = 1, im Mai = 1, im Juni = 2, im Juli = 2, im August = 5, im October = 2, im November = 3, im December = 5. Aufser den schon bekannten sind keine neuen Erscheinungen bemerkt worden.

6. Besondere Erscheinungen.

N. 2268. März 16. 2^m gelb, zweimal aufleuchtend.

N. 2276. März 28. 1^m schön goldfarbig, starkgeschweift, blieb theilweis durch Wolken verdeckt, 3^s—4^s sichtbar. Das Meteor schien einen merklichen Durchmesser zu haben; die Bewegung war langsam und unregelmäfsig.

N. 2289. Mai 9. 1^m $10^h,7$ höchst glänzend und weifsgelb, Venus an Glanz übertreffend. Da ich das Meteor nur theilweis durch das Laubwerk der Bäume herleuchten sah, so blieb ich ungewifs darüber, ob gegen das Ende des Laufes die Farbe grün wurde, wie ich vermuthete.

N. 2293. Mai 10. $9^h,7$ 1^m sehr prachtvoll rothgelb, schweiflos, an Glanz fast gleich Venus.

N. 2332. Juli 9. $13^h,3$ 1^m sehr glänzend grün. Der starke Schweif verschwindet augenblicklich. Helligkeit gleich Jupiter.

N. 2354. Aug. 1. $12^h,3$ 1^m schön goldgelb, geschweift, 3—4 Mal wellenförmig gebogen.

N. 2430. Aug. 11. $12^h,7$ 1^m hell, goldfarbig; der intensive Schweif leuchtet 7^s.

N. 2550. Sept. 10. $8^h,3$ 4^m gleichzeitig mit dem rechten Auge im 5 hoh. Refractor, und frei mit dem linken Auge gesehen Farbe tief gelbroth. Das Meteor gebrauchte 2″, um ein

Gesichtsfeld von 50 Bogenminuten Durchmesser zu durchlaufen.

N. 2565. Oct. 10. $8^h,3$ 1^m höchst prachtvoll, leuchtend grün, schweiflos, das Meteor erhellt zuletzt die feinen Dünste der Luft mit grünlichem Schimmer.

N. 2583. Oct. 29. $6^h,3$ 1^m erhellte wie ein rother Blitzstrahl den Ostthurm, in welchem ich beobachtete. Das Meteor selbst sah ich erst im Momente des Erlöschens, als es noch an Glanz und Farbe dem Planeten Mars glich, der an diesem Tage der Erde am nächsten stand.

N. 2600. Nov. 8. $6^h,7$ 1^m glanzvoll grün und schweiflos, zwischen zerrissenen Wolkenmassen wiederholt aufleuchtend, so dafs die Säume der Wolken grün erhellt wurden; Bewegung wahrscheinlich unregelmäfsig.

N. 2615. Nov. 29. 8^h 1^m ein Meteor der seltensten Art. Ich sah es in grünem Lichte einen Bogen von 90° in 8^s Zeit durchlaufen, so langsam, dafs ich dasselbe mit dem Blick leicht von Stern zu Stern verfolgen konnte. Die Lichtmaterie des Meteorkörpers ging unmerklich in den grauen Schweif über und war vorne scharf elliptisch abgerundet; den gröfsten Glanz entwickelte es noch vor der 4ten Secunde der Sichtbarkeit. Es verschwand in der Lyra matt und nebelartig.

N. 2627. Dec. 6. $7^h,5$ 3^m rothgelb, sehr langsam, 2 mal ganz erlöschend, leuchtet sie jedesmal mit stärkerem Roth wieder auf.

7. Anderweitig beobachtete Meteore.

Febr. 21. Morgens zwischen 3 und 4^h haben mehrere Studirende aus Bonn auf dem Wege nach Altenahr ein bedeutendes Meteor gesehen. Aus den wenig bestimmten Aussagen darüber konnte ich nur so viel entnehmen, dafs das Schweiffragment sich gekrümmt habe.

Juni 4. 9^h ist in Bonn von verschiedenen Personen im Löwen eine sehr grofse Sternschnuppe gesehen worden.

Juli 14. Der sehr bekannt gewordene Meteorsteinfall zu Braunau.

Aug. 14. wurde in Bonn noch in heller Abenddämmerung von Vielen ein Feuermeteor gesehen. Auswärtige Nachrichten über diese Erscheinung gab die Kölnische Zeitung vom 16., 17. und 18 August 1847.

Aug. 26. gegen 9^h Abends ist zu Bonn wieder ein seltsames Phänomen beobachtet worden. Mir selbst ist es nicht zu Gesicht gekommen, doch habe ich von dem zweiten Sohne des Directors der Sternwarte, von Heinrich Argelander, genügende Auskunft darüber erhalten, welcher mir wenige Minuten nachher meldete, dafs er um $8^h 57'$ gerade gegen Norden etwa 30^0 hoch aus dem untern Rande einer mäfsig begränzten schweren Regenwolke eine rothe Feuerkugel, viel kleiner als der Mond, herabfallen gesehen habe. Die Erscheinung hatte mit dem Blitze gar keine Aehnlichkeit, auch war bei dem Zustande der Atmosphäre am 26. August an ein Gewitter nicht zu denken.

Oeffentliche Blätter bringen noch Nachrichten über 2 Feuermeteore, am 10. Januar 5^h in Wien und am 11. April in Algier beobachtet. (Bonner Wochenblatt vom 20. Januar 1847 und Kölnische Zeitung vom 25. April 1847.)

Einen andern Meteorfall findet man angezeigt im Institut N. 699.

Ueber das grofse Meteor vom 19. August 1847 hat Herr Petit, Director der Sternwarte zu Toulouse in die Compt. rend. T. XXIX. N. 22. p. 622. einrücken lassen: Note sur le bolide du 19. août 1847, in welcher er das Meteor in einer Hyperbel um die Sonne laufen läfst. Diese Angabe findet sich auch in N. 701. der astr. Nachr. von Schumacher.

Wieder 2 andere Feuermeteore sind angezeigt in den Compt. rend. 1847. N. 8. 23. août.

1848.

Die Beobachtungen dieses Jahres sind ebenfalls in der früheren Weise angestellt worden, haben aber dadurch einen wesentlichen Zusatz erhalten, dafs ich auf Veranlassung des Herrn Oberlehrers Heis in Aachen mich dem von ihm entworfenen Plane anschlofs, um im Vereine mit ihm und Anderen, zu verabredeten Zeiten die Meteore correspondirend in Betreff ihrer Bahnen zu beobachten. Die Resultate dieser und späterer Untersuchungen der Art sollen besonders dargestellt werden.

1. Anzahl der Meteore.

im	Januar =	24 Met.	an	12 Tagen,					
-	Februar	6 -	-	5 -					
-	März	13 -	-	6 -					
-	April	10 -	-	7 -					
-	Mai	23 -	-	10 -					
-	Juni	7 -	-	10 -	darunt. an	6	Tagen	keine	Met.
-	Juli	90 -	-	15 -	-	1	-		-
-	August	175 -	-	24 -	-	1	-		-
-	Septemb.	27 -	-	16 -	-	3	-		-
-	October	59 -	-	10 -					
-	November	10 -	-	7 -					
-	December	39 -	-	11 -	-	1	-		-
	Summe	482 Met.	an	133 Tagen,	darunt. an	12	Tagen	keine	Met.

Für die folgenden Tage habe ich mit meistens genügender Sicherheit die stündliche Anzahl der Meteore ermitteln können.

		stündl. Anzahl				stündl. Anzahl	
Jan.	2.	= 2 Met.		Aug.	4.	= 10 Met.	
März	30.	4 -		-	5.	7 -	
Mai	5.	3 -		-	7.	16 -	
Juli	6.	4 -		-	9.	29 -	
-	26.	9 -		-	25.	4 -	
-	27.	16 -		Sept.	20.	10 -	(*)
-	30.	5 -		Oct.	23.	6 -	
-	31.	10 -		-	26.	12 -	
Aug.	1.	12 -		-	28.	3 -	
-	2.	7 -	(*)	Dec.	20.	14 -	

Tage, an denen sehr wenige oder gar keine Meteore gesehen wurden, waren:

Januar 3.
Juni 10—17. Beob. in Frankfurt a. Main.
Juli 1. u. 4.
August 15. (Vollmond) 29.
Sept. 5. 17. 19. 21. 29.
October 6.
November 1. u. 12.
December 6. 11. 18.

2. Farben.

	Weifse	Gelbe	Gelbrothe	Grüne	Neblige
im Januar	= 11	= 4	= 4	= 3	= 2
- Februar	2	1	0	0	3
- März	9	0	1	0	3
- April	5	2	3	0	0
- Mai	12	6	3	1	1
- Juni	1	3	2	0	1
- Juli	45	18	1	4	22
- August	100	39	7	3	25
- September	16	4	3	0	4
- October	24	17	0	0	18
- November	7	2	0	0	1
- December	16	11	5	0	7
Summe	248	107	29	11	87
und nach Abzug der Telescopischen					
	246	105	26	11	86

Es waren also unter 100 Meteoren:

51,9 Weifse
22,1 Gelbe
5,5 Gelbrothe
2,3 Grüne
18,1 Neblige.

3. Scheinbare Gröfsen.

	(1m)	(2m)	(3m)	(4m)	(5m)	(6m)
im Jan.	= 4	= 5	= 6	= 6	= 3	= 0
- Febr.	- 1	- 1	- 1	- 1	- 2	- 0
- März	- 0	- 3	- 2	- 4	- 4	- 0
- April	- 3	- 3	- 1	- 3	- 0	- 0
- Mai	- 6	- 3	- 3	- 9	- 2	- 0
- Juni	- 3	- 1	- 0	- 1	- 1	- 0
- Juli	- 16	- 12	- 21	- 21	- 11	- 9
- August	- 35	- 43	- 38	- 38	- 14	- 5
- Sept.	- 0	- 9	- 3	- 7	- 4	- 1
- Octob.	- 6	- 7	- 14	- 21	- 8	- 0
- Nov.	- 1	- 1	- 3	- 4	- 1	- 0
- Dec.	- 6	- 3	- 13	- 10	- 4	- 1
Summe	81	91	105	125	54	16

Unter 100 Meteoren also:	17,2	der	1^m
	19,3	-	2^m
	22,2	-	3^m
	26,5	-	4^m
	11,4	-	5^m
	3,4	-	6^m

4. Schweife.

55 geschweifte Meteore sind im Jahre 1848 beobachtet worden, und unter diesen waren:

19	von	weifser	Farbe,	30	von der	1^m
24	-	gelber	-	17	-	2^m
10	-	gelbrother	-	6	-	3^m
2	-	grüner	-	1	-	4^m

34 Schweiferscheinungen gehören allein dem August an. Da im Ganzen 81 Sternschnuppen der 1sten Gröfse gesehen wurden, aber nur 30 von ihnen Schweife zeigten, so folgt, dafs die gröfsere Anzahl der glänzenden Meteore schweiflos gewesen ist. Gerade bei den bedeutendsten Phänomenen, die in ihrer mächtigen Lichtentwicklung oft die Nacht erhellten, war meistens der Schweif wenig oder gar nicht vorhanden. Dafs der grofse Glanz des Meteors selbst keinen Grund zu der Annahme giebt „der Schweif sei von ihm überstrahlt worden", wird durch Erscheinungen entgegengesetzter Art mit Sicherheit bestätigt. Unter den 11 äufserst hellen Sternschnuppen dieses Jahres liefs sich nur bei Dreien die Schweifspur einigermafsen erkennen. Die Dauer der Sichtbarkeit von Schweifen habe ich nur 4 mal zu beobachten Gelegenheit gefunden; sie schwankte bei farbigen Meteoren zwischen 1^s und 4^s.

5. Zeitdauer der Sichtbarkeit der Meteore.

20 an verschiedenen August- und October-Sternschnuppen versuchte Schätzungen gaben die Zeit des Leuchtens zwischen $0^s,5$ und $2^s,3$; die mittlere Dauer $= 1^s,05$.

6. Anomalien der Bewegung.

Mit Ausnahme des März, Juni und September habe ich in jedem Monate, im Ganzen 26 gekrümmte Meteore beobachtet. Unter diesen waren: 6 weifse, 8 gelbe, 6 gelbrothe, 3 grüne, 3 neblige; 5 zeigten einen wellenförmigen Lauf, eine N. 3094. Octob. 2. beschrieb einen scharfen Bogen.

7. Scheinbare Oerter.

In diesem Jahre habe ich mich besonders bemüht, von möglichst vielen Meteoren die Bahnen in die Sterncharten sorgfältig einzutragen, um die Convergenzpunkte, und im Falle correspondirender Beobachtungen, die Entfernungen zu ermitteln. Fast alle Bahnen sind in Argelanders „Uranometria nova" verzeichnet worden. Ich gebe hier wie auch in der Folge die Rectascensionen und Declinationen des Anfanges und Endes der Bahnen.

1848.				R	δ		R	δ	
Juli	29.	N. 2873.	Anfang	273°,5	— 3,0°	Ende	245°,9	+ 2°,5	grofses Meteor.
Aug.	4.	2930.	-	260	— 2,5	-	253	—15	
-	9.	2990.	-	260,5	+ 8,5	-	264	+ 1,5	
-	9.	2991.	-	259	+16	-	262	+11	
-	9.	2992.	-	285,2	+11,2	-	289	+ 0,9	
-	9.	3009.	-	291,5	+41	-	281	+22	
-	9.	3012.	-	249,3	+31,7	-	244	+19,7	
-	9.	3019.	-	288,7	+10	-	285	— 2	
-	9.	3020.	-	311	+18,5	-	306,5	+10	
-	9.	3023.	-	256,8	+25	-	256,8	+15	
-	9.	3029.	-	269	+32	-	265	+28	
-	10.	3044.	-	315,5	+35	-	296,0	+10	
-	25.	3061.	-	205	+50	-	208,5	+36	
-	25.	3062.	-	238,5	+46	-	233	+29	
Oct.	2.	3092.	-	343	+37	-	330	+58	
-	2.	3093.	-	67	+65	-	71	+68,2	
-	2.	3094.	-	30	+33,2	-	28,5	+40,5	bogenförmig.
-	3.	3095.	-	351	+40	-	355	+45	
-	6.	3096.	-	198	+72	-	200	+63	

1848.			R	δ		R	δ
Oct. 7.	N. 3097.	Anfang	338°	+ 7°	Ende	341°	— 17°
- 20.	3098.	-	340	+ 80	-	250	+ 80
- 22.	3100.	-	291	+ 28	-	293	+ 16
- 22.	3101.	-	310	+ 23	-	301	+ 13
- 22.	3102.	-	324	+ 9	-	325	— 4
- 22.	3103.	-	336	+ 12	-	316	+ 9
- 22.	3105.	-	232	+ 64	-	250	+ 55
- 22.	3106.	-	135	+ 40	-	143	+ 34
- 22.	3107.	-	140	+ 51,5	-	132	+ 43,5
- 22.	3108.	-	91,5	— 4	-	91,6	— 7
- 23.	3109.	-	239	+ 46	-	244	+ 46,5
- 23.	3110.	-	256	+ 19	-	251,5	+ 13
- 23.	3111.	-	304	+ 3	-	296	+ 1
- 23.	3112.	-	248	+ 42	-	245	+ 38
- 23.	3113.	-	283,5	+ 13	-	270	+ 10
- 23.	3114.	-	26	+ 63	-	20	+ 88,5
- 23.	3115.	-	180	+ 85	-	240	+ 78
- 23.	3116.	-	288,5	+ 52	-	288	+ 39
- 23.	3117.	-	319	+ 49	-	316	+ 42
- 23.	3118.	-	160	+ 65	-	179	+ 55
- 23.	3119.	-	270	+ 73	-	275	+ 71
- 23.	3120.	-	243	+ 60	-	233	+ 50
- 23.	3121.	-	309	+ 59	-	300	+ 58,5
- 25.	3122.	-	168	+ 65,5	-	190	+ 66
- 25.	3123.	-	128	+ 46	-	135	+ 44,5
- 25.	3124.	-	158	+ 66,5	-	190	+ 64
- 25.	3125.	-	150	+ 61,5	-	165	+ 59,5
- 25.	3126.	-	105	+ 39	-	102,5	+ 35
- 26.	3127.	-	190,5	+ 41	-	192,5	+ 36
- 26.	3128.	-	201	+ 63	-	210	+ 60
- 26.	3129.	-	210	+ 28	-	220	+ 27,5
- 26.	3130.	-	90	+ 70	-	125	+ 61,5
- 26.	3131.	-	290	+ 65	-	289,2	+ 67
- 26.	3132.	-	258	+ 36,5	-	252,5	+ 34

1848.			R	δ		R	δ
Oct. 26.	N. 3133.	Anfang	234°	+ 65°	Ende	230°	+ 60°
- 26.	3134.	-	185	+ 51,5	-	175	+ 47
- 26.	3135.	-	260	+ 63,5	-	254	+ 57
- 26.	3137.	-	280	+ 22	-	271	+ 20
- 26.	3138.	-	211	+ 63,5	-	236	+ 59,5
- 26.	3139.	-	218,5	+ 62,5	-	221,5	+ 62
- 26.	3140.	-	285	+ 49	-	270	+ 40
- 26.	3141.	-	174	+ 57	-	185	+ 59
- 28.	3142.	-	250	+ 74	-	225	+ 63
- 28.	3143.	-	319	+ 71	-	290	+ 72
- 28.	3144.	-	43	+ 67	-	39	+ 63
- 28.	3145.	-	171	+ 70	-	179	+ 63
- 28.	3146.	-	275	+ 60	-	275	+ 55
- 28.	3147.	-	276	+ 50	-	270	+ 45
- 28.	3148.	-	159	+ 56	-	167	+ 57,5
- 28.	3149.	-	285	+ 61	-	255	+ 58
- 28.	3150.	-	238	+ 64	-	238	+ 58,5
Nov. 12.	3151.	-	324	+ 6	-	296	+ 0,4
- 15.	3154.	-	62	+ 46	-	71	+ 52
- 22.	3158.	-	244	+ 44	-	249	+ 35
Dec. 2.	3161.	-	205	+ 65	-	225	+ 56
- 2.	3162.	-	222	+ 73	-	234	+ 60
- 18.	3167.	-	286	+ 48	-	271	+ 51,2
- 20.	3172.	-	345	+ 32	-	356	+ 28
- 20.	3175.	-	30	+ 25	-	24	+ 19
- 20.	3176.	-	0	+ 27,5	-	345	+ 24,5
- 20.	3178.	-	27	+ 18	-	21	+ 15
- 20.	3179.	-	42	+ 11	-	33	+ 7
- 20.	3180.	-	352	+ 45	-	335	+ 30
- 20.	3181.	-	20	+ 34	-	13	+ 32
- 21.	3182.	-	247	+ 69	-	235	+ 60
- 21.	3183.	-	35	— 12	-	35	— 16
- 22.	3187.	-	341	+ 2	-	344	0
- 22.	3188.	-	35	— 11	-	37,5	— 18

1848.			R	δ		R	δ
Dec. 22.	N. 3189.	Anfang	10°	+ 65°	Ende	325°	+ 64°
- 22.	3190.	-	320	+ 78	-	308	+ 66
- 23.	3191.	-	8	— 5	-	8	— 13
- 23.	3192.	-	202	+ 78	-	194	+ 72
- 23.	3193.	-	202	+ 59	-	207	+ 52,5
- 23.	3194.	-	215	+ 62,5	-	232	+ 62,5

8. Besondere Erscheinungen.

N. 2723. Jan. 2. $7^h,6$ 1^m goldgelb, heller als Jupiter, ringsum die Dünste des Horizontes erleuchtend.

N. 2733. Jan. 21. Von allen Meteoren, die ich seither gesehen habe, das glänzendste und gröſste. Wenn das, was ich mir unter einer sogenannten groſsen Feuerkugel vorstelle (die ich nie gesehen habe), richtig ist, so möchte ich das Phänomen vom 21. Januar als solches bezeichnen, um so mehr, da abgesehen von dem Strahlennimbus, jedenfalls ein sehr ansehnlicher Durchmesser zu erkennen war. Es schien mir, als sei das Meteor im Zenith entstanden; ich erblickte es erst in etwa 60° Höhe, gleich einem Sterne 2^m an Glanz, wo es bald Aldebarans Helligkeit und Farbe erreichend, in wenig geschlängeltem Laufe dem Kopfe des Pegasus sich zuwandte. Hier nahm das Meteor schnell einen gewaltigen Glanz und das intensivste Smaragdgrün an, dem sich hinten in der Richtung der Bewegung ein ganz unscheinbarer grauer und kurzer Schweif anschloſs. Das Merkwürdigste jedoch war der feurige Lichtschein, der rothen, carminfarbigen Nordlichtgluth ähnlich, welcher, so viel ich erkennen konnte, sich zu beiden Seiten des Meteores so an die grüne Hauptmasse anlagerte, daſs er zu beiden Seiten wie zurückwehendes Haar, von dem scharf elliptisch abgerundeten Kopfe, in 2 schmalen Zonen den Uebergang des grünen Lichtes in die graue Schweifmaterie begränzte. Diese Lage, und die beiderseitige scharfe Absonderung von der Umgebung macht es mir augenblicklich während der kurzen

Dauer der Erscheinung durchaus wahrscheinlich, dafs hier kein subjektives Phänomen vorwalte. Das Meteor glich einem langgedehnten fallenden Tropfen geschmolzenen Metalles. In der Richtung der Bewegung nach vorne waren etwa 180° des scharf begränzten Umfanges leuchtend grün; dann folgte erst zu beiden Seiten das rothe, vielleicht allmälig in den grauen Schweif sich verlierende Licht. Als das Meteor einen fast blendenden, und ungeachtet des Mondscheins schattenwerfenden Glanz erreicht hatte, trat es, schon in der Nähe des SW.-Horizontes hinter mäfsige, vom Monde erhellte Schneewolken, durch welche das grüne Licht, zwar verwaschen und vom Nimbus befreit, doch wunderbar stark in grofser Scheibenform durchstrahlte. Den Durchmesser des scheinbar begränzten grünen Theils schätzte ich in 10° Höhe auf 30 Minuten wenigstens. Ich glaube gern, dafs zumal von ungeübten Beobachtern die Durchmesser so ungewöhnlicher Erscheinungen viel zu grofs geschätzt werden, finde aber im Allgemeinen gar keinen Grund, einen Durchmesser selbst von mehreren Graden für unwahrscheinlich zu halten, wenn derartige Schätzungen nur von zuverlässigen Beobachtern gemacht wurden, die nach vieljährigen Erfahrungen sich daran gewöhnt haben, solches Phänomen in aller Ruhe zu betrachten, und den fast immer vorhandenen Strahlennimbus von der eigentlichen festen Masse gehörig zu unterscheiden. — Die Dauer der Sichtbarkeit des Meteors überstieg schwerlich 4^s. Es verschwand um $7^h\,25^m\,54^s$ m. B. Z.

N. 2737. Jan. 26. $9^h,9$ 1^m ein ganz schweifloses grünes Meteor, heller als Jupiter, verschwand im Meridiane von α Columbae sehr südlich am Horizont.

N. 2742. Jan. 30. $14^h,7$ 1^m sehr schön grün und schweiflos, gekrümmter Lauf.

N. 2787. Mai 7. $10^h,4$ 1^m Ungeachtet des Mondscheins sah ich doch auf dem Erdboden den hellen Blitzschein; als ich aufblickte, war das rothe Meteor schon erloschen, und es stand nur noch ein intensiv weifses, in der Mitte breiteres Schweiffragment von 4ˢ Dauer.

N. 2810. Juli 18. 10ʰ,0 1ᵐ leuchtend grün, schweiflos. Ich sah an diesem Meteor eine noch nie bemerkte Eigenthümlichkeit. Es wurde, schräg aufsteigend, im Adler sichtbar, glich anfangs einem matten röthlichen Sterne und erreichte in der Nähe von δ Aquilae plötzlich einen so starken Glanz, dafs es α Lyrae bei Weitem übertraf; gleich darauf schien es lautlos zu zerplatzen. In demselben Momente fuhr aber ein grünes funkenähnliches Fragment von schwächerem Glanze vom Orte des Erlöschens genau rückwärts in der vorhin beschriebenen Bahn, und verschwand nach einem Laufe von nur etwa 0°,5. Ich halte diese in aller Ruhe angestellte Beobachtung für völlig sicher.

N. 2818. Juli 23. 11ʰ,8 1ᵐ rothgelb, gleich Mars im stärksten Lichte. Bewegung sehr langsam, vielleicht unregelmäfsig. Schweif ganz unbedeutend.

N. 2841. Juli 27. 10ʰ,9 3ᵐ eine fremdartige Erscheinung, grofs, bleich, weingelb, mit geschwungenem, blitzähnlich enorm schnellem Laufe; sie schien ganz niedrig zu sein, und ich war gleich zweifelhaft, ob dies eine der gewöhnlichen Sternschnuppen gewesen sei.

N. 2873. Juli 29. 11ʰ,0 1ᵐ Abermals ein grofses Meteor von ausgezeichneter Schönheit. Es erschien bei η Serpentis, nahm im anfänglich rothgelben Lichte mächtig an Glanz zu und zerplatzte, scheinbar mit grofser Gewalt, lautlos bei λ Ophiuchi. Gegen das Ende des Laufes wurde das Meteor strahlend smaragdgrün und so hell, dafs es den Himmel und drüben die Berge und Bäume des Horizontes mit grünem Schimmer erleuchtete. Der Schweif war höchst unbedeutend. In Aachen wurde das Meteor von Heis beobachtet, so dafs wir das sichtbare Bahnstück berechnen konnten.

N. 2997. Aug. 10. 1ᵐ war unter den Meteoren dieses Abends seiner schönen goldgelben Farbe wegen ausgezeichnet; es blieb noch hinter Wolken sichtbar.

N. 3151. Nov. 12. $8^h,0$ 1^m grofs, gelb, 3^s sichtbar, vielfach wellenförmig gebogen.

N. 3161. Dec. 2. $10^h,9$ 1^m goldgelb, wellenförmig, mit flackerndem Lichte, schweiflos.

N. 3166. Dec. 11. $11^h,3$ 1^m gelb, heller als Jupiter.

9. Anderweitig beobachtete Meteore.

Juli 13. um 11^h haben mehrere meiner Freunde ein bedeutendes Meteor gesehen. So viel ich ermitteln konnte, zog es vom Pol zum Auriga.

1849.

Mit Ausnahme der Zeit einer längern Reise (März 16. bis Mai 15.) sind die Beobachtungen wieder in Bonn angestellt worden, und zwar in der früheren Weise. Aufser der alten Standlinie Bonn-Aachen, erhielten wir durch schriftliche, theils von mir, theils von Heis ausgehende Aufforderungen, noch Combinationen mit Bilk, Cöln, Düren, Eschweiler, Bremen, Frankfurt a. M., Hamburg, Neunkirchen bei Saarbrücken und Bern, aus welchen Orten uns die dortigen Beobachter zum Theil zahlreiche und werthvolle Mittheilungen gemacht haben. Zur Zeit der oben erwähnten Reise beobachtete ich gelegentlich in Minden, Hamburg, Berlin und an verschiedenen Orten der Küsten Holsteins, ohne indessen viele Meteore notiren zu können.

1. Anzahl der Meteore.

im Januar	= 22 Met.	an	8 Tagen,	darunt.	an	0 Tagen	keine Met.
- Februar	4	-	- 3	-	-	0	-	-
- März	1	-	- 1	-	-	4	-	-
- April	7	-	- 3	-	-	10	-	-
- Mai	21	-	- 10	-	-	5	-	-
- Juni	17	-	- 9	-	-	1	-	-
- Juli	29	-	- 9	-	-	1	-	-
- August	122	-	- 12	-	-	0	-	-
- Sept.	24	-	- 12	-	-	0	-	-
- Octob.	46	-	- 8	-	-	0	-	-
- Nov.	207	-	- 12	-	-	0	-	-
- Dec.	5	-	- 3	-	-	1	-	-
Summe	504 Met.	an	90 Tagen,	darunt.	an	22 Tagen	keine Met.

Für die folgenden Tage konnte die stündliche Anzahl ermittelt werden.

		stündl. Anzahl				stündl. Anzahl
Jan.	21.	= 9 Met. (*)		Oct.	22.	= 14 Met.
April	28.	5 - (*)		-	24.	7 -
Mai	17.	8 - (*)		Nov.	5.	8 -
Juli	28.	12 -		-	6.	12 -
-	29.	11 - (*)		-	10.	6 -
Aug.	8.	10 -		-	11.	11 -
-	9.	13 - (*)		-	12.	21 -
-	11.	18 -		-	13.	13 -
-	17.	11 - (*)		-	19	7 -
Oct.	19.	15 - (*)				

Für den 11. 12. 13. November sind resp. 20, 45 und 23 nicht aufgeschriebene, aber mitgezählte Meteore mit in Rechnung genommen worden.

2. Farben.

	Weifse	Gelbe	Gelbrothe	Grüne	Neblige
im Januar	= 9	= 7	= 1	= 1	= 4
- Februar	2	0	0	0	2
- März	0	1	0	0	0
- April	3	0	0	1	3
- Mai	9	3	4	0	5
- Juni	8	6	0	0	3
- Juli	16	6	0	1	5
- August	53	44	1	1	24
- September	5	10	4	0	5
- October	12	17	1	0	16
- November	86	48	9	4	60
- December	4	0	0	0	1
Summe	207	142	20	8	128
und nach Abzug der Telescopischen:					
	199	135	18	8	123

Defshalb unter 100 Meteoren: 41,2 Weifse
27,9 Gelbe
3,7 Gelbrothe
1,7 Grüne
25,5 Neblige.

3. Scheinbare Gröfsen.

im Jan.	$(1^m) =$	2	$(2^m) =$	8	$(3^m) =$	4	$(4^m) =$	8	$(5^m) =$	0	$(6^m) =$	0
- Febr.	-	0	-	1	-	1	-	0	-	2	-	0
- März	-	0	-	0	-	1	-	0	-	0	-	0
- April	-	0	-	1	-	1	-	3	-	2	-	0
- Mai	-	2	-	2	-	3	-	7	-	4	-	2
- Juni	-	0	-	4	-	4	-	2	-	3	-	0
- Juli	-	6	-	4	-	4	-	5	-	3	-	0
- Aug.	-	18	-	24	-	29	-	32	-	12	-	6
- Sept.	-	1	-	4	-	5	-	6	-	1	-	2
- Octob.	-	4	-	6	-	12	-	12	-	9	-	3
- Nov.	-	11	-	28	-	46	-	64	-	33	-	24
- Dec.	-	0	-	1	-	1	-	1	-	0	-	0
Summe		44		83		111		140		69		37

Demnach waren unter 100 Meteoren:

9,1	der	1^m
17,2	-	2^m
22,9	-	3^m
28,9	-	4^m
14,2	-	5^m
7,7	-	6^m

4. Schweife.

Im Jahre 1849 sind 77 geschweifte Meteore gesehen worden, und zwar kamen sie in allen Monaten vor, mit Ausnahme des Februar, März, April und Mai. 37 von ihnen waren allein im August, 25 allein im November. Unter diesen 77 Geschweiften waren:

29	Weifse	und	22	der	1^m
40	Gelbe	-	24	-	2^m
5	Gelbrothe	-	20	-	3^m
3	Grüne	-	6	-	4^m

Es sind wieder verschiedene Fälle, zumal bei sehr glänzenden grünen Meteoren, vorgekommen, dafs auch bei starken Lichtentwickelungen sich keine Schweifspur zeigte. Auf die Zeitdauer der Sichtbarkeit von Schweifen habe ich 1849 wenig reflectirt. Ich gedenke hier nur des grofsen, späterhin zu beschreibenden Meteors vom 19. November, bei welchem ich den Schweif am

Ende der 13ten Secunde, Heis denselben (in Aachen) am Ende der 8ten Secunde erlöschen sah.

5. Dauer der Sichtbarkeit der Meteore.

Im Jahre 1849 habe ich zahlreiche Beobachtungen über die Zeit angestellt, welche ein Meteor gebraucht, um seine leuchtende Bahn zu durchlaufen. Ich bediente mich dazu der Chronometer von halben und drittel Secundenschlägen, und glaube annehmen zu dürfen, dafs diese Schätzungen, anderweitiger Uebung wegen, nicht ganz illusorisch sind. Ich werde hier die Zeitdauer in Rücksicht auf die Farbe der Meteore hersetzen.

I. Weifse Meteore:	0s,75	0s,5	1s,0	1s,0
	2,0	0,75	0,2	1,0
	0,6	0,6	0,75	0,75
	1,0	0,5	0,75	0,5
	1,0	1,0	1,0	0,5
	1,0	1,0	1,0	1,0
	1,0	1,0	0,5	0,75
	0,75	0,5	1,0	1,0
	0,75	0,5	1,0	1,0
	0,5	0,75	1,5	1,0
	0,75	1,0	0,75	1,0
	1,0	0,5	0,5	0,75
	1,0	0,5	1,0	1,0
	1,0	1,5	0,75	0,75
	1,0	0,5	1,0	0,75
	0,75	0,5	0,75	0,75

Aus diesen 64 Beobachtungen ergiebt sich für die weifsen Meteore die mittlere Dauer der Sichtbarkeit = 0s,85.

II. Gelbe Meteore:	1s,0	0s,75	0s,5	0s,75	1s,0
	1,2	1,0	0,5	3,0	0,75
	0,5	0,75	0,6	0,75	0,75
	2,0	1,0	1,0	1,5	1,0
	1,0	0,75	1,5	1,0	0,5
	1,0	1,0	1,0	1,0	1,0

$0^s,75$	$0^s,5$	$0^s,75$	$0^s,75$	$0^s,75$
0,75	1,2	0,5	1,0	0,25
1,0	0,75	0,5	0,75	1,0
0,5	0,5	1,0	0,75	0,75
1,0	0,75	1,2	0,75	1,0
1,0	1,0	0,5	0,5	0,5
0,5	0,75	1,2	0,75	1,0
1,0	0,5	0,75	0,25	1,0
0,75	0,5	1,0	1,0	0,75
4,00	0,5	0,75	1,0	1,0

Mittlere Dauer nach 80 Beobachtungen = $0^s,90$.

III. Gelbrothe Meteore:

$1^s,0$	$1^s,5$
0,75	0,75
1,5	1,5
1,3	1,0
1,5	1,0
1,0	2,7
1,5	1,0

Mittlere Dauer nach 14 Beobachtungen = $1^s,28$.

IV. Grüne Meteore:

$2^s,0$
2,0
1,0
1,5
1,5

Mittlere Dauer aus 5 Beobachtungen = $1^s,60$.

V. Neblige Meteore:

$3^s,0$	$1^s,0$
1,0	1,0
1,0	0,5
1,0	0,3
0,5	1,0
1,0	0,5
1,0	0,75
1,0	1,0

Mittlere Dauer aus 17 Beobachtungen = $0^s,91$.

6. Anomalien der Bewegung.

Die 37 gekrümmten Meteore sind in den Monaten Juni bis December gesehen worden, und 18 von ihnen allein im November, 6 im August. Es waren unter ihnen 16 von weifser, 14 von gelber, 4 von gelbrother, 2 von grüner und 1 von nebliger Farbe. Einmal wurde die feingezackte (sägenförmige), 2 mal die wellenförmig geschlängelte Bewegung, und zwar bei grünen Meteoren beobachtet.

7. Scheinbare Oerter.

Alle Meteorbahnen sind in Argelanders Uranometrie gleich während der Beobachtung verzeichnet worden. Ich habe besondere Sorgfalt darauf verwandt und halte die meisten für recht sicher.

				A. R	δ		A. R	δ	
Jan.	1.	N. 3203.	Anfang	260°	+40°	Ende	277°	+27°	Bonn.
-	1.	3204.	-	200	+80	-	93	+76	
-	1	3205.	-	210	+55	-	205,5	+52	
-	1.	3208.	-	222	+75,5	-	230	+72	
-	15.	3210.	-	339	+38	-	341	+31 ::	
-	21.	3214.	-	175,5	+ 2,5	-	166	+ 6	
Febr.	27.	3224.	-	316	+60	-	321,5	+54	
März	1.	3226.	-	27	+71,5	-	350	+76,5	
April	25.	3231.	-	300	+40	-	301	+35	Eutin.
-	25.	3232.	-	200	+83	-	140	+72 ::	-
-	25.	3233.	-	253,5	+30	-	251	+25,5	-
Mai	15.	3235.	-	250	+71,5	-	160	+63,5	Bonn.
-	17.	3241.	-	140	+70	-	123	+64	
-	23.	3246.	-	277	+41	-	291	+48,5	
-	26.	3252.	-	160	0	-	170	—10 ::	
-	28.	3253.	-	315	+65	-	335	+67,5	
Juni	17.	3259.	-	355	+22	-	10	+22 ::	
Juli	28.	3283.	-	305	+10	-	280	+30	
-	28.	3285.	-	334	+27,5	-	330	+30	
-	28.	3286.	-	307	+31	-	270	+53	

				A. R	δ		A. R	δ	
Juli	28.	N. 3287.	Anfang	305°	+20,7°	Ende	307,5°	+20,7°	Bonn.
-	28.	3288.	-	289	+20,5	-	281	+26,5	
-	28.	3290.	-	326,5	+15	-	326,5	+10	
-	28.	3291.	-	267,5	+28,2	-	255	+16,5	
-	28.	3293.	-	237,5	+22	-	211	+24,5	
-	28.	3294.	-	266	+40	-	260	+46,5	
-	29.	3296.	-	294	+46	-	281	+42,5	
-	29.	3297.	-	326	+ 6	-	332,5	+ 5,5	
-	29.	3298.	-	350	+40	-	356	+47	
-	29.	3299.	-	280	+40	-	261,5	+12,5	
Aug.	6.	3304.	-	220	+44	-	216	+39	
-	6.	3306.	-	140	+54	-	162	+47	
-	8.	3308.	-	287	+30	-	270	+10	
-	8.	3310.	-	271	+29	-	270	+10	
-	8.	3311.	-	295	+18,5	-	284,5	+13,6	
-	8.	3312.	-	310	+33	-	296	+19	
-	8.	3313.	-	39	+53,5	-	42,5	+51	
-	8.	3316.	-	317	+30	-	308	+15	
-	9.	3320.	-	145	+50	-	160	+44	
-	9.	3321.	-	185	+60	-	195	+55	
-	10.	3322.	-	305	+24	-	294	+ 6	
-	10.	3323.	-	329	+22	-	322	+12	
-	10.	3324.	-	360	+28	-	355	+26	
-	10.	3325.		15	+34	-	12	+24	
-	10.	3326.	-	292	+17	-	297	+ 9	
-	10.	3328.	-	236	+11	-	237	+ 5	
-	10.	3329.	-	21	+36	-	12	+27	
-	10.	3330.	-	60	+70	-	90	+72	
-	10.	3331.	-	341	+32	-	330	+31,5	
-	10.	3332.	-	1	+21	-	353	+ 7	
-	10.	3333.	-	26	+62,5	-	11	+64,5	
-	10.	3334.	-	46	+56	-	44	+57,5	
-	11.	3338.	-	6	+40	-	356	+29	
-	11.	3339.	-	231	+41	-	227	+34	

				A. R	δ		A. R	δ	
Aug.	11.	N. 3340.	Anfang	359,7°	+20°	Ende	1,5°	+14°	Bonn.
-	11.	3341.	-	345,5	+ 9	-	344	+ 2	
-	11.	3342.	-	326	— 0,9	-	327,5	— 3	
-	11.	3343.	-	310	+12	-	300	— 1	
-	11.	3344.	-	302	—12,7	-	323	—10,7	
-	11.	3345.	-	344,7	+17	-	341,5	+13,0	
-	11.	3346.	-	17	+35	-	11,5	+28,5	
-	11.	3347.	-	332,7	+ 1	-	328,5	— 3	
-	11.	3348.	-	65	+65	-	72,5	+67,5	
-	11.	3349.	-	16	+36	-	16,5	+32,5	
-	11.	3350.	-	170,5	+71	-	181	+58,5	
-	11.	3351.	-	133,5	+66,5	-	162,5	+60	
-	11.	3352.	-	48	+45	-	48	+41	
-	11.	3353.	-	45	+54	-	45	+52	
-	11.	3354.	-	26	+28,5	-	27,5	+17	
-	11.	3355.	-	27,5	+64	-	49	+51,2	
		id.		(40	+54)	(Mitte)	gekrümmt.		
-	11.	3357.	-	35	+46	Ende	28	+41,9	
-	11.	3359.	-	353,5	+41	-	352	+27 ::	
-	11.	3360.	-	126	+56,5	-	121	+47	
-	11.	3361.	-	275	+61,5	-	267,5	+51,5	
-	11.	3362.	-	321	+70	-	302	+64	
-	11.	3364	-	64	+52,5	-	66	+51	
-	11.	3365.	-	51	+69	-	56	+71,5	
-	11.	3366.	-	162,5	+62,3	-	169,5	+59	
-	11.	3367.	-	260	+74,5	-	248	+64	
-	11.	3368.	-	197	+42,5	-	204	+36,5	
-	11.	3369.	-	170	+71	-	173	+69,5	
-	11.	3370.	-	37	+47	-	33	+50	
-	11.	3371.	-	0	+84	-	289	+84	
-	11.	3372.	-	71,5	+40,5	-	70	+37	
-	11.	3373.	-	46	+41,5	-	46	+39	
		id.		(47,5	+40,9)	(Mitte)	gekrümmt.		
-	11.	3374.	-	115	+59	Ende	124	+61,5	
-	11.	3375.	-	224	+41	-	224	+34	

			A. R	δ		A. R	δ	
Aug. 11.	N. 3376.	Anfang	155°	+72°,5	Ende	169°	+70°,9	Bonn.
- 11.	3377.	-	224	+41	-	224,5	+27,5	
- 11.	3378.	-	84	+57,5	-	94	+56	
- 11.	3379.	-	209	+69	-	211,5	+65	
- 11.	3380.	-	59	+45,5	-	66,5	+43	
- 11.	3382.	-	225	+77,7	-	211	+77,5	
- 11.	3383.	-	30	+87	-	110	+88,5	
- 11.	3384.	-	168	+71	-	182,5	+69	
- 11.	3385.	-	54	+75	-	47	+81	
- 11.	3386.	-	184	+61,2	-	185,7	+55	
- 11.	3387.	-	186	+60,9	-	190,5	+54	
- 11.	3388.	-	152	+75	-	169	+71	
- 11.	3389.	-	230	+59	-	249	+47,5	
- 11.	3390.	-	179	+78,2	-	156	+76,5	
- 11.	3391.	-	109	+49,4	-	122	+42	
- 11.	3392.	-	80	+77	-	105	+80,5	
- 11.	3393.	-	125	+67	-	141,5	+65	
- 11.	3394.	-	200	+76	-	182	+71	
- 11.	3395.	-	72	+60	-	85	+59	
- 11.	3396.	-	20	+84	-	130	+82,5	
- 11.	3397.	-	193	+41,5	-	201	+36,5	
- 11.	3399.	-	245	+72	-	245	+62	
- 11.	3400.	-	299	+71	-	288	+67,5	
- 11.	3401.	-	231,5	+35	-	235	+28	
- 11.	3404.	-	37	+82,5	-	35	+87	
- 11.	3405.	-	64	+75	-	95	+77	
- 11.	3406.	-	321	+62,2	-	309	+60,5	
- 11.	3408.	-	109	+65	-	124	+61,5	
- 11.	3409.	-	215	+79	-	213	+73,5	
- 11.	3410.	-	16	+51	-	359,5	+45	
- 11.	3411.	-	309	+11,5	-	301,5	— 1	
- 17.	3414.	-	1	+14	-	358	+ 8	
- 17.	3415.	-	355	+42	-	344	+27,5	
- 17.	3416.	-	200	+60	-	191	+58	

			A. R	δ		A. R	δ	
Aug. 17.	N. 3417.	Anfang	248°	+61°	Ende	260°	+51°	Bonn.
- 20.	3421.	-	215	+52,5	-	226	+40	
Sept. 4.	3422.	-	162	+56,5	-	145,5	+59	
- 16.	3430.	-	129,5	+63,5	-	123	+61,7	
- 27.	3445.	-	251	+31,5	-	236	+30,5	
Oct. 19.	3451.	-	124	+64	-	118	+52,5	
- 19.	3452.	-	137,5	+50	-	154	+46	
- 19.	3453.	-	267,5	+60	-	267,5	+55	
- 19.	3454.	-	140	+47,5	-	147,5	+46	
- 22.	3455.	-	141	+66	-	139,5	+64	
- 22.	3456.	-	231	+71	-	223	+73	
- 22.	3457.	-	320	+82	-	290	+84 ::	
- 22.	3458.	-	154	+71	-	141	+67	
- 22.	3459.	-	250	+57	-	262,5	+46	
- 22.	3460.	-	61	+41	-	56,5	+39,5	
- 22.	3461.	-	200,5	+59	-	206	+55,5	
- 22.	3463.	-	235	+72	-	230,5	+64	
- 22.	3464.	-	318	+60,5	-	316	+64	
- 22.	3465.	-	154	+65	-	163,5	+63	
- 22.	3466.	-	298	+53	-	291	+48,5	
- 22.	3468.	-	311	+34	-	300	+22	
- 24.	3469.	-	84	+39,2	-	92	+39	
- 24.	3471.	-	297	+69,5	-	275	+70,7	
- 24.	3472.	-	249	+55	-	250,5	+53 :	
- 24.	3473.	-	60	+47	-	70	+51,5	
- 24.	3474.	-	165	+70	-	191	+62	
- 24.	3475.	-	237	+31	-	233	+27	
- 24.	3476.	-	165	+65	-	180,5	+58	
	id.		(171	+60,5)	(Mitte)	gekrümmt.		
- 24.	3477.	-	196	+42	Ende	205	+37	
- 24.	3478.	-	346	+16	-	343	+16	
- 24.	3480.	-	355	+57,5	-	325	+57	
- 24.	3482.	-	270	+74	-	240	+61,5	
- 24.	3485.	-	162	+27	-	177	+22,5	
- 24.	3486.	-	160	+87	-	175	+72 :	

				A. R	δ		A. R	δ	
Oct.	24.	N. 3487.	Anfang	228°	+68°	Ende	239°	+60°	Bonn.
-	24.	3490.	-	265	+51	-	264	+45	
Nov.	1.	3493.	-	130	+62	-	151	+55	
-	2.	3494.	-	314	—11	-	292	—14	
-	5.	3495.	-	215	+75	-	190	+71,5	
-	5.	3496.	-	285	+60	-	267,5	+58,3	
-	5.	3497.	-	245	+69	-	254	+66,5	
-	5.	3498.	-	225	+70	-	223	+57,5	
-	5.	3499.	-	220	+36	-	215	+31,5	
-	5.	3501.	-	176	+55	-	188	+47	
-	5.	3502.	-	239	+68	-	239	+56	
-	5.	3503.	-	157	+64	-	152	+59	
-	5.	3505.	-	210	+65	-	215	+52,5	
-	5.	3506.	-	276	+58	-	276	+53	
-	5.	3509.	-	215	+56	-	220	+40	
-	5.	3510.	-	295	+45	-	281	+40,5	
-	6.	3513.	-	268	+24	-	263	+11,5	
-	6.	3518.	-	160	+73	-	183	+58	
-	6.	3519.	-	310	+79	-	274	+74,5	
-	6.	3520.	-	284	+53	-	279	+34	
-	6.	3521.	-	261	+53	-	255	+48,5	
-	6.	3522.	-	69	+66	-	71	+59	
-	6.	3523.	-	20	+83	-	252	+76	
-	6.	3526.	-	255	+53	-	264	+46	
-	6.	3528.	-	311	+46	-	304	+44	
-	6.	3529.	-	160	+70	-	172	+61	
-	9.	3530.	-	231	+75	-	226	+70,5	
-	10.	3532.	-	197	+42	-	202	+37	
-	10.	3533.	-	340	+83	-	275	+83	
-	10.	3534.	-	210	+82	-	225	+74	
-	10.	3537.	-	270	+76	-	264	+69	
-	10.	3538.	-	277	+42,5	-	270	+33	
-	10.	3544.	-	4	+ 1	-	3,5	— 7	
-	10.	3546.	-	145	+74	-	165	+70	

				A. R	δ		A. R	δ	
Nov.	10.	N. 3548.	Anfang	227°	+63°	Ende	225°	+51°	Bonn.
-	10.	3549.	-	285	+56	-	294	+47	
-	10.	3550.	-	345	+75	-	300	+79	
-	11.	3552.	-	83	+52,5	-	79	+49	
-	11.	3553.	-	275	+84	-	175	+89	
-	11.	3554.	-	133	+53,5	-	147	+51,5	
-	11.	3555.	-	345	+49	-	310	+30	
-	11.	3556.	-	274	+32	-	263	+26	
-	11.	3558.	-	73	+57	-	101	+62,5	
-	11.	3559.	-	244	+63,5	-	245,5	+60,5	
-	11.	3560.	-	116	+64,5	-	124	+61,5	
-	11.	3561.	-	202,5	+50	-	206	+46	
-	11.	3562.	-	295	+45	-	284	+37,5	
-	11.	3564.	-	208	+65	-	215	+54	
-	11.	3565.	-	295	+24	-	280	+15	
-	11.	3566.	-	300	+68	-	290	+65,5	
-	11.	3569.	-	270	+55	-	268	+45	
-	11.	3572.	-	322,5	+57,5	-	310	+57,5	
-	11.	3576.	-	283	+53	-	286	+48	
-	11.	3577.	-	27,5	+71	-	330	+68,7	
-	11.	3578.	-	199	+56	-	211	+53	
-	11.	3579.	-	175	+75	-	180	+70,5	
-	11.	3580.	-	229	+60	-	220	+51	
-	11.	3582.	-	256	+43	-	254	+38,5	
-	11.	3583.	-	276	+73	-	259	+71	
-	11.	3587.	-	300	+68,5	-	290	+70,7	
-	11.	3588.	-	275	+59	-	268,5	+51,7	
-	11.	3589.	-	185	+62	-	191	+57	
-	12.	3590.	-	335	+52	-	359	+53	
-	12.	3591.	-	347	+59	-	319	+61,5	
-	12.	3592.	-	345	+70	-	353,5	+62	
-	12.	3593.	-	246	+75	-	237	+69,5	
-	12.	3696.	-	175	+49	-	183	+45	
-	12.	3597.	-	167	+80,5	-	185	+75,5	

				A. R	δ		A. R	δ	
Nov.	12.	N. 3598.	Anfang	71°,5	+63°	Ende	76°	+59°	Bonn.
-	12.	3599.	-	259	+44	-	246	+38,5	
-	12.	3600.	-	200	+50	-	212,5	+36	
-	12.	3602.	-	191	+61	-	181,7	+57,5	
-	12.	3603.	-	321	+65	-	301	+62	
-	12.	3604.	-	276	+40	-	272,5	+34	
-	12.	3605.	-	268	+47	-	263	+36,5	
-	12.	3607.	-	290	+50	-	287	+39	
-	12.	3608.	-	305	+57,5	-	295	+51	
-	12.	3610.	-	266,5	+37,5	-	270	+30	
-	12.	3611.	-	271	+48	-	265	+45,5	
-	12.	3612.	-	308	+49	-	304	+43	
-	12.	3613.	-	284	+69,5	-	268	+66	
-	12.	3614.	-	220	+71,5	-	220	+61	
-	12.	3615.	-	261	+50	-	255	+41	
-	12.	3616	-	231,5	+60	-	237	+55,5	
-	12.	3617.	-	252	+71	-	250	+65	
-	12.	3618.	-	186	+61	-	192	+57	
-	12.	3620.	-	322	+60,5	-	310	+58	
-	12.	3621.	-	291	+53	-	294	+46	
-	12.	3622.	-	165	+45,5	-	184	+44	
-	12.	3624.	-	309	+52	-	309,5	+44,5	
-	12.	3625.	-	322,5	+46	-	312,5	+47	
-	12.	3627.	-	291	+64	-	280,5	+60	
-	12.	3629.	-	283	+51,5	-	267	+48,3	
-	12.	3635.	-	314	+28	-	316	+19	
-	12.	3636.	-	290	+53	-	297,5	+46	
-	12.	3638.	-	125	+63	-	125	+70	aus Leo.
-	12.	3641.	-	290	+89	-	170	+86	
-	13.	3643.	-	128	+62	-	134	+51	
-	13.	3644.	-	330	+ 5,5	-	217,5	+ 4,7	::
-	13.	3645.	-	271	+50	-	268	+44	::
-	13.	3646.	-	224	+40	-	229	+34	
-	13.	3647.	-	38	+68	-	335	+88	

				A. R	δ		A. R	δ	
Nov.	13.	N. 3648.	Anfang	105°	+54°	Ende	114°	+55°	: Bonn.
-	13.	3649.	-	207	+80,7	-	223	+71,5	
-	13.	3650.	-	191	+59 (:)	-	201,5	+39,5 :	
-	13.	3655.	-	73	+60,7	-	100	+59	
-	13.	3656.	-	238	+47	-	236	+43	
-	13.	3657.	-	118	+46,5	-	125	+46	
-	13.	3658.	-	186	+70	-	200,5	+61	
-	13.	3659.	-	304	+78	-	288	+67,5	
-	13.	3661.	-	244	+47	-	247,5	+39	
-	13.	3663.	-	140	+61	-	164	+64	
-	13.	3665.	-	257	+64	-	250	+61	
-	13.	3666.	-	46	+ 1,5	-	40	— 4	
-	13.	3669.	-	256	+66	-	260	+60	
-	13.	3670.	-	255	+67,5	-	247,5	+60,5	
-	13.	3671.	-	170	+56,5	-	186,5	+73	aus Leo.
-	13.	3672.	-	186	+62,5	-	170	+60	
-	13.	3673.	-	200	+73	-	212	+65	
-	13.	3674.	-	309	+43,5	-	295	+37	
		id.		(304	+40)	(Mitte)	gekrümmt.		
-	13.	3675.	-	30	+77	Ende	330	+80,7	
-	19.	3679.	-	235	+16	-	237	+ 8	
-	19.	3680.	-	238	+69	-	237	+61	
-	19.	3681.	-	141,5	+60	-	139	+57,7	
-	19.	3683.	-	325	+48,5	-	310	+44,5	
-	19.	3684.	-	215	+61,7	-	224,7	+59	
-	19.	3685.	-	100	+36	-	118	+35 :	
-	19.	3686.	-	128	+42	-	134	+39	
-	19.	3687.	-	110	+87	-	100	+77,5	
-	19.	3688.	-	142	+45	-	147	+44,5	
-	19.	3690.	-	145	+82,5	-	220	+72,5	
-	19.	3692.	-	274	+64	-	270,5	+59,5	
-	19.	3696.	-	287,5	+29,5	-	278	+24	
-	19.	3697.	-	212	+66	-	212	+64	

8. Besondere Erscheinungen.

N. 3252. Mai 26. $9^h,6$ 1^m sehr ausgezeichnet, gelbroth, heller als Mars in seiner gröfsten Erdnähe. Dauer sicher $= 2^s,7$ beobachtet. Das Meteor hatte bestimmt einen merklichen Durchmesser, und erlosch abnehmend in einzelnen matten Punkten.

N. 3293. Juli 28. $11^h,7$ 1^m schön grün mit verweilender Schweifspur, heller als Sirius. Es wurde gleichzeitig auch in Aachen beobachtet.

N. 3302. Aug. 6. $9^h,6$ 1^m in der Dämmerung gesehen, grün, schweiflos, hell gleich Venus.

N. 3416. Aug. 17. $10^h,6$ 3^m weifs, zweimal aufleuchtend.

N. 3422. Sept. 4. $8^h,7$ 2^m rothgelb, sehr langsam, $1^s,3$ Dauer. Es ist in der Mitte am hellsten und verschwindet allmälig abnehmend.

N. 3494. Nov. 2. $6^h,8$ 2^m goldgelb, langsam und wellenförmig, erlöscht fein und matt verlaufend.

N. 3509. Nov. 5. $9^h,3$ 1^m schön grün, schweiflos, Dauer 2^s.

N. 3565. Nov. 11. $8^h,8$ 1^m leuchtend gelb und grün; es zerplatzte lautlos und verbreitete am Himmel einen grünlichen Schimmer. Schweif kurz.

N. 3595. Nov. 12. $6^h,6$ 1^m Ich sah in Bonn nur den dunkelrothen Blitzschein auf der Erde, während man in Cöln und Aachen das grofse funkensprühende Meteor selbst beobachtete.

N. 3684. Nov. 19. 7 ,5 1^m Nach dem grofsen Meteore vom 21. Januar 1848 ist dieses das mächtigste und schönste, welches ich seither gesehen habe. Während ich im Garten der Sternwarte stehend, nach Südwesten herüber im Cygnus beobachtete, bemerkte ich, wie plötzlich die ganze Umgebung nah und fern vom seltsamsten grünen magisch schimmernden Lichte erhellt wurde, so dafs ich ebenso wie mein Mitbeobachter Herr Thormann, alle Details am Mauerwerk des nahen Gebäudes erkennen konnte. Indem ich mich schnell gegen Norden wandte, gewahrte ich das Meteor im Momente, als es mit aufserordentlichem smaragdgrünen Lichte so eben im Drachen erlöschen wollte, und gleich darauf röthliche Fragmente fahren liefs. Der völlig gerade, an beiden Enden spitze Schweif von etwa 5′ Dicke und weifsröthlicher Farbe war an seinen Rändern sehr scharf begränzt, und erlosch erst am Ende der 13ten Secunde, ohne irgend welche Krümmung oder Bewegung zu zeigen, worauf ich genau Acht gab. Er gab zugleich die Bahn an, welche das Meteor in $1^s,5$ höchstens 2^s durchlaufen hatte. In Aachen wurde die Erscheinung von Heis und vielen seiner mitbeobachtenden Schüler gesehen. Ueber Entfernung und Höhe des Meteors wird späterhin die Rede sein.

9. Anderweitig beobachtete Meteore.

Am 26. Mai hat Heis in Aachen viele und geschweifte Sternschnuppen gesehen; aufserdem bemerkte er am 12. und 13. Mai dunkle, vor der Sonne vorüberziehende Körper.

Juli 28. und 29., Aug. 9. 10. 11., Nov. 11. 12. 13. sind zwischen Bonn, Aachen und verschiedenen andern Orten correspondirende Beobachtungen angestellt worden, deren Resultate sich in einem späteren Abschnitte finden.

Aug. 14. und Nov. 2. sind von verschiedenen zuverlässigen Personen ausgezeichnete Sternschnuppen gesehen worden.

Nov. 1. $7^h 0'$ beobachtete Herr Henzi aus Bern eine sehr grofse, 4^s lang sichtbare Sternschnuppe, die in R 214° δ + 34° erlosch; sie durchlief, vom Perseus kommend, eine über 90° lange Bahn.

1850.

Fast alle Beobachtungen dieses Jahres sind in der früheren Weise in Bonn angestellt worden. Wegen anderer Beschäftigungen sind sie weniger zahlreich und häufiger unterbrochen worden; die Herbstbeobachtungen zur Zeit einer siebenwöchentlichen Reise nach Hamburg und Holstein sind am wenigsten vollständig.

1. Anzahl der Meteore.

im	Januar	= 21	Meteore.
-	Februar	= 9	-
-	März	= 22	-
-	April	= 2	-
-	Mai	= 7	-
-	Juni	= 6	-
-	Juli	= 30	-
-	August	= 226	-
-	September	= 3	-
-	October	= 11	-
-	November	= 14	-
-	December	= 13	-
	Summe	= 364	Meteore.

Für die stündliche Anzahl finde ich nur spärliche Angaben; ich werde die unsichern Zahlen wie auch früher durch einen (*) bezeichnen.

		stündl. Anzahl					stündl. Anzahl		
Jan.	3.	= 15	Met.	(*)	Aug.	5.	= 30	Met.	(*)
Juli	29.	27	-	(*)	-	9.	30	-	
-	30.	12	-		-	10.	31	-	
Aug.	3.	9	-	(*)	Oct.	30.	15	-	(*)
-	4.	12	-						

2. Farben.

		Weifse	Gelbe	Gelbrothe	Grüne	Neblige
im	Januar	= 13	= 6	= 1	= 0	= 2
-	Februar	1	6	1	0	1
-	März	2	13	0	0	5
-	April	0	0	0	0	2
-	Mai	3	1	1	0	2
-	Juni	3	3	0	0	0
-	Juli	8	14	0	0	8
-	August	142	46	7	2	31
-	September	2	1	0	0	0
-	October	7	2	0	0	2
-	November	5	4	0	0	5
-	December	1	6	1	0	3
	Summe	187	102	11	2	61
	und nach Abzug der Telescopischen					
		178	73	10	2	51

Demnach zeigten sich unter 100 Meteoren:

56,7 Weifse
23,2 Gelbe
3,2 Gelbrothe
0,6 Grüne
16,3 Neblige.

3. Scheinbare Gröfsen.

	(1^m)	(2^m)	(3^m)	(4^m)	(5^m)	(6^m)
im Jan.	1	0	2	6	0	0
- Febr.	1	1	0	1	1	0
- März	0	1	2	1	0	1
- April	0	0	0	0	2	0
- Mai	0	3	0	1	0	1
- Juni	1	1	2	2	0	0
- Juli	1	8	6	7	3	2
- August	27	43	63	44	35	16
- Sept.	1	0	2	0	0	0
- Octob.	1	1	2	5	2	0
- Nov.	2	4	0	3	2	1
- Dec.	1	2	0	1	0	0
Summe	36	64	79	71	45	21

Sonach waren unter 100 Meteoren:

11,4 der 1^m
20,2 - 2^m
25,0 - 3^m
22,4 - 4^m
14,2 - 5^m
6,7 - 6^m

4. Schweife.

Im Jahre 1850 sind 101 geschweifte Meteore beobachtet worden. Von diesen waren eber 9 telescopisch, so dafs also 92 Schweifphänomene dem freien Auge sichtbar waren. Im August allein beobachtete ich 82, und mit Ausnahme des April, Juni und September wurden in jedem Monate geschweifte Meteore gesehen. Ich fand:

Geschweifte Met. der			und Geschweifte	
	1^m	= 23	weiſse	= 51
-	2^m	= 29	gelbe	= 29
-	3^m	= 25	gelbrothe	= 6
-	4^m	= 10	grüne	= 2
-	5^m	= 5	neblige	= 4

9 mal sah ich Schweiſe an telescopischen Meteoren. Die einzigen merkwürdigen Erscheinungen dieser Art beobachtete ich am 10. August an Sternschnuppen von groſsem Glanze, bei denen das Schweiſsfragment 14^s und 20^s sichtbar blieb.

5. Dauer der Sichtbarkeit der Meteore.

Im Ganzen habe ich kaum 30 Schätzungen über die Zeit gemacht, welche die Meteore gebrauchten, um ihre Bahn zu durchlaufen. Ich finde die mittlere Dauer der Sichtbarkeit

bei weiſsen	Meteoren	= 1^s,16	(12 Beob.)
- gelben	-	= 1,25	(8 -)
- gelbrothen	-	= 1,41	(6 -)

Für grüne und neblige Meteore finde ich keine Angaben, und diese 3 Zahlen haben nur eine sehr geringe Sicherheit.

6. Anomalien der Bewegung.

Diese sind im Jahre 1850 nur 5 mal und darunter 1 mal telescopisch beobachtet worden. 3 gekrümmte Meteore waren von gelber Farbe.

7. Scheinbare Oerter.

				A. R	δ		A. R	δ
Jan. 3.	N. 3706.	Anfang		1°	— 1°,5	Ende	339°	— 1°: Bonn.
- 13.	3716.	-		39	+29	-	28	+22,5
Mai 7.	3758.	-		317	+71,5	-	332	+63
Juni 17.	3769.	-		165	+72	-	135	+62 ::
Juli 14.	3777.	-		217	+48	-	200	+48 :
- 29.	3781.	-		25	+69	-	57	+72 :
- 29.	3782.	-		26	+63	-	75	+72 :
- 29.	3783.	-		39	+55	-	46	+54 :
- 30.	3788.	-		243	+23	-	234	+ 7

				A. R	δ		A. R	δ
Juli	30.	N. 3790.	Anfang	182°	+ 58°	Ende	186°	+ 50°,5
-	30.	3791.	-	61	+ 48	-	73	+ 78
-	30.	3795.	-	140	+ 52,5	-	138	+ 48
-	30.	3796.	-	190	+ 54	-	191	+ 40
-	30.	3799.	-	245	+ 75	-	245	+ 63
Aug.	3.	3805.	-	220	+ 53	-	205	+ 50
-	3.	3806.	-	272	+ 3	-	262	— 3
-	3.	3807.	-	256	— 21	-	239	— 19
-	3.	3808.	-	351	+ 43	-	355	+ 47
-	3.	3809.	-	201	+ 56	-	205	+ 50
-	4.	3811.	-	281	+ 14	-	277	— 2 :
-	4.	3814.	-	251	+ 26	-	252	+ 15 :
-	4.	3815.	-	277	+ 44	-	277	+ 48
-	4.	3819.	-	355	+ 58,5	-	340	+ 50
-	4.	3820.	-	249	+ 17	-	250	+ 15
-	4.	3821.	-	205	+ 65	-	203,5	+ 54
-	4.	3822.	-	340	+ 80	-	255	+ 82
-	4.	3823.	-	207	+ 80	-	207	+ 74
-	4.	3824.	-	312	+ 76	-	183	+ 70
-	4.	3825.	-	262	— 8	-	257,5	— 16,5
-	4.	3826.	-	256	— 12,5	-	255,2	— 15,2
-	4.	3827.	-	260	+ 42,5	-	249	+ 36
-	4.	3828.	-	40	+ 28	-	54	+ 27,5
-	4.	3829.	-	181	+ 54	-	176	+ 48
-	4.	3832.	-	190	+ 65	-	192	+ 56
-	5.	3837.	-	232	+ 42	-	226	+ 38 :
-	5.	3838.	-	115	+ 64	-	133	+ 63
-	5.	3840.	-	5	+ 88	-	280	+ 87
-	5.	3842.	-	85	+ 60	-	98	+ 54 :
-	5.	3844.	-	211	+ 78	-	205	+ 65
-	5.	3845.	-	290	+ 88,5	-	200	+ 87
-	5.	3846.	-	70	+ 63	-	76	+ 61
-	9.	3849.	-	195	+ 52	-	189	+ 42,5
-	9.	3854.	-	120	+ 66	-	133	+ 62,5

				A. R	δ		A. R	δ	
Aug.	9.	N. 3857.	Anfang	197°	+ 41°	Ende	202°	+ 34°	:
-	9.	3858.	-	199	+ 49	-	202,5	+ 37	
-	9.	3859.	-	222	+ 25	-	223	+ 19	:
-	9.	3860.	-	245	+ 74	-	245	+ 63	:
-	9.	3861.	-	246	+ 40	-	246	+ 30	
-	9.	3863.	-	211	+ 36	-	215	+ 27	
-	9.	3864.	-	315	+ 11	-	310	— 2	
-	9.	3865.	-	210,5	+ 65	-	211,5	+ 56	
-	9.	3867.	-	225	+ 71	-	227	+ 65	:
-	9.	3868.	-	243	+ 27	-	240,5	+ 19	
-	9	3870.	-	216	+ 76,5	-	223	+ 69	
-	9.	3871.	-	186	+ 77	-	191	+ 70	
-	9.	3872.	-	197	+ 44	-	198	+ 38	:
-	9.	3875.	-	145	+ 66	-	153	+ 62	:
-	9.	3879.	-	265	+ 45	-	260	+ 40	:
-	9.	3885.	-	241	+ 37	-	240	+ 28	
-	9.	3888.	-	243	+ 59	-	230	+ 59,5	
-	9.	3889.	-	52,5	+ 47,5	-	56	+ 44	
-	10.	3898.	-	185	+ 34	-	185	+ 10	:
-	10.	3901.	-	195	+ 46	-	181	+ 40	
-	10.	3902.	-	190	+ 68	-	197	+ 58	
-	10.	3903.	-	225	+ 80	-	230	+ 49	
-	10.	3907.	-	239	+ 70	-	248,5	+ 54	
-	10.	3909.	-	210	+ 60	-	211,5	+ 53	
-	10.	3910.	-	217	+ 72	-	210	+ 65	:
-	10.	3913.	-	0	+ 25	-	352	+ 14	
-	10.	3916.	-	294	— 10	-	285	— 24	
-	10.	3918.	-	216	+ 40	-	217	+ 30	
-	10.	3920.	-	220	+ 89	-	215	+ 78	
-	10.	3923.	-	119	+ 67	-	136	+ 67	
-	10.	3925.	-	240	— 2,5	-	237,5	— 9	
-	10.	3926.	-	185	+ 79	-	190	+ 70	
-	10.	3929.	-	225	+ 71	-	219	+ 61,5	
-	10.	3933.	-	273	+ 7	-	275	+ 1	

				A. R	δ		A. R	δ
Aug.	10.	N. 3936.	Anfang	208°	+ 49°	Ende	211°	+ 44°
-	10.	3940.	-	10	+ 23	-	3,5	+ 15
-	10.	3943.	-	336	+ 35	-	321	+ 25 :
-	10.	3945.	-	234	+ 7	-	232	— 1,5
-	10.	3946.	-	151	+ 67	-	160	+ 64
-	10.	3947.	-	261	+ 59	-	263	+ 49
-	10.	3949.	-	26	+ 63	-	0	+ 61
-	10.	3950.	-	32,5	+ 56	-	28	+ 54,5
-	10.	3951.	-	344	+ 31,5	-	338	+ 26
-	10.	3954.	-	42,5	+ 44,5	-	42,5	+ 39,5
-	10.	3960.	-	297,5	+ 10	-	295	+ 3
-	10.	3962.	-	281	+ 31,5	-	261,5	+ 12,5
-	10.	3968.	-	293	+ 17,5	-	286	+ 4
-	10.	3973.	-	309	+ 0,7	-	306	— 3
-	10.	3974.	-	290	+ 67	-	270	+ 55
-	10.	3978.	-	248	+ 31	-	240	+ 27,5
-	10.	3980.	-	279	+ 38	-	270,2	+ 29
-	10.	3981.	-	258	+ 15	-	255	+ 7 :
-	10.	3982.	-	279	+ 24	-	294	+ 18 :
-	10.	3984.	-	253	+ 11	-	252	+ 6
-	10.	3987.	-	260	+ 56	-	260,5	+ 48,5
-	10.	3991.	-	316	+ 9	-	308	— 1
-	10.	3992.	-	309	+ 21	-	303	+ 16 :
-	10.	3993.	-	325	+ 43	-	317	+ 37
-	10.	3995.	-	128	+ 74	-	152,5	+ 68
-	10.	4000.	-	267	+ 18	-	263	+ 11 :
-	10.	4001.	-	264	+ 31,5	-	257	+ 25
-	10.	4002.	-	241	+ 52	-	239	+ 46 :
-	10.	4004.	-	262	+ 20	-	258	+ 10
-	10.	4005.	-	211	+ 63	-	215,5	+ 52,5
-	10.	4009.	-	230	+ 70	-	230	+ 60
-	10.	4010.	-	265	+ 50	-	263	+ 44
-	10.	4011.	-	275	+ 17	-	270	+ 10
-	10.	4015.	-	242,5	+ 51	-	240,5	+ 45

			A. R	δ		A. R	δ
Aug. 10.	N. 4017.	Anfang	210°	+ 60°	Ende	214°	+ 52,5°
- 10.	4018.	-	175	+ 59	-	181,5	+ 54
- 10.	4019.	-	32,5	+ 44	-	27,5	+ 37,5:
Nov. 3.	4044.	-	80	+ 50	-	90	+ 40

8. Besondere Erscheinungen.

Febr. 13. N. 3729. M. Z. $5^h\,27^m,8$ ein (vermuthlich) sehr grofses Feuermeteor der glänzendsten Art, von dem ich leider nur den rothen Gluthschein gesehen habe, während ich im Westthurme der Sternwarte mit andern Beobachtungen beschäftigt war. Der Himmel wurde im Westen wie von einer nahen und grofsen Feuersbrunst erhellt. Als ich hinblickte, erlosch das Meteor so eben mit schnell schwindender Schweifspur etwa in R 15° und $\delta + 5°$. Es folgte keine Detonation.

Febr. 22. wurde von Lichtenberger in Neunkirchen und Andern wieder eine glänzende Feuerkugel gesehen. Auch von dieser habe ich in Bonn, als der Himmel sich so eben durch dicken Nebel verfinstert hatte, den blitzähnlichen rothen Schein bemerkt.

Mai 7. N. 3758. $9^h,1\;2^m$ eine schöne rothgelbe Sternschnuppe, sehr langsam und volle 2^s sichtbar. Ihr folgte ein 1°,5 langer und fächerförmig breiter Schweif von entschieden rothgelber Farbe, was ich für eine sehr seltene Erscheinung halte.

Mai 10. N. 3762. $9^h,8\;4^m$ weifs, mit momentan aussetzendem Lichte.

Aug. 10. N. 3913. $10^h,1\;1^m$ rothgelb, geschweift, merkwürdig wegen des in der Mitte breiten Schweifes, der nach dem Erlöschen des Meteors, 5^s später, nochmals stärker aufglühte, und erst am Ende der 20sten Secunde erlosch.

Aug. 10. N. 3940. $11^h,0\;1^m$ grün, geschweift und sehr hell. Der Schweif ist in der Mitte des Weges lichtschwächer als am Ende, und bleibt in weifser Färbung mehrere Secunden stehen.

Aug. 10. $11^h,8$ starker rother Blitzschein im Westen. Zur selben Secunde wurde in Cöln, Paris, Bern und Aachen eine ansehnliche Feuerkugel beobachtet.

Aug. 10. N. 4019. $13^h\ 1^m$ gelb, sehr glänzend. Der intensive Schweif leuchtete wenigstens 14^s lang selbst durch ziemlich dickes Nebelgewölk. Er war gelb und in der Mitte sehr breit.

9. Anderweitig beobachtete Meteore.

Am 8. Januar um $15^h,75$ wurde ein aufserordentlich glänzendes, mit lautem Krachen zerplatzendes Feuermeteor an vielen Orten der Rheinprovinz gesehen, aber nirgends auch nur einigermafsen genügend beobachtet, was freilich an den meisten Stellen schon durch den schneebedeckten Himmel und die frühe Morgenstunde verhindert wurde. Auf Veranlassung des Herrn Geh. Oberbergraths und Professors Nöggerath zu Bonn hat die königl. Regierung die verschiedenen Behörden des Landes beauftragt, des Meteores wegen angemessene Erkundigungen einzuziehen. Was sich aus etwa 100 amtlichen und privaten schriftlichen Mittheilungen ermitteln liefs, habe ich zusammengestellt und die etwaigen Resultate in Poggendorfs Annalen für 1851 bekannt gemacht.

Die Kölnische Zeitung vom 21. Februar (Beilage) berichtet über ein in Lüdenscheid gesehenes Feuermeteor.

Mai 21. zeigte sich wieder eine feuerkugelähnliche grofse und glanzvolle Erscheinung, die auf der Sternwarte freilich nur beiläufig von Herrn Stud. Thormann gesehen wurde, der gerade mit andern Beobachtungen beschäftigt war. Dieser notirte die Zeit des Verschwindens und hörte hernach einen dumpfen eigenthümlichen Knall, der ihm von der Detonation des Meteors herzurühren schien. Die beiden Momente sind:

$$\left.\begin{array}{rl}\text{Aufhören des Lichtes} & = 11^h\ 57^m\ 14^s \\ \text{Schall} & = 12\quad 1\quad 23\end{array}\right\}\ \text{Diff.} = 4^m\ 9^s.$$

Kam der Schall wirklich von dem Meteor, so war es etwa 10 Meilen von Bonn entfernt. — Dieselbe Erscheinung beobachtete einer meiner Freunde in der Stadt, dessen Aussage ich als durchaus zuverlässig bezeichne. Es schien ihm das Meteor einer gewöhnlichen aber grofsen grünblauen Leuchtkugel der Feuerwerker zu gleichen; doch bemerkte er auf das Deutlichste, dafs die Kugel von $\frac{1}{3}$ oder $\frac{1}{4}$ des scheinbaren Monddurchmessers, an ihren Rändern unregelmäfsig gestaltet war, und den Umrifs ihrer Figur schnell und häufig veränderte, ähnlich wie eine vom Winde vielfach zusammengedrückte grofse Seifenblase. Der aus getrennten Stücken bestehende Schweif war rothgelb.

Juni 5. um $9^h,8$ ist von vielen meiner Bekannten in der Nähe von Bonn abermals ein ansehnliches Meteor im S.W. gesehen worden. Es senkte sich scheinbar ziemlich tief hinter die Heerrauchdünste des Horizontes, setzte aus, und erschien plötzlich aber in wellenförmiger Bewegung wieder. Die Farbe war lichtgrün und roth; wie brennendes Pulver erschien der Schweif. Vergl. Compt. rend. XXX. N. 24. 17. Juin 1850.

Octob. 6. beobachtete Heis bei Vischel im Ahrthale ein bedeutendes Meteor; dasselbe wurde auch in Aachen, Malmedy und Heinsberg mehrfach wahrgenommen. Nahe nördlich von Bonn sah einer meiner Freunde das Meteor so vollständig, dafs ich nach seinen Angaben ziemlich sicher die scheinbare Bahn ermitteln konnte, und zwar Anfang $R\,310^\circ\ \delta - 9^\circ$, Ende $R\,210^\circ\ \delta + 21^\circ$. Es war also sehr lang, gegen 100° in R, und bewegte sich durch 30° der Declination. Es war weifs, zum Theil blau und geschweift, sprühte Funken ohne zu detoniren. Auf der Erde verbreitete es einen sehr starken Blitzschein.

Octob. 24. $8^h,7$ sah Herr Observator Fearnley aus Christiania (derzeit in Bonn) bei ganz bedecktem Nebelhimmel und durch dichte Wolken gegen Norden eine grofse Feuerkugel mit leuchtend grünem Blitzscheine. Die in $1^s,5$ beschriebene Bahn von O.—W. war etwas gekrümmt. Nach dem Erlöschen erfolgten noch 2 blitzartige grüne Erhellungen. Eine Detonation wurde nicht gehört.

Totalübersicht.

In den vorhergehenden Abschnitten habe ich einfach das Material der Beobachtungen von 1842 bis 1850 dargelegt; ich habe so viel wie möglich das Detail mitgetheilt, um Niemanden durch abgeschlossene numerische Resultate ohne Begründung im Einzelnen, sein Urtheil zu beschränken, und das Material so behandelt, dafs bei einer hinreichenden und bequemen Uebersichtlichkeit die besondern Eigenthümlichkeiten der Meteore, die sich im Glanze, in der Farbe, in den Schweifbildungen, anomalen Bewegungen u. s. w. offenbaren, von einander getrennt, speciell hervorgehoben worden sind. Gewisse Erscheinungen, und namentlich Alles, was nicht auf die bereits erwähnten Eigenschaften der Meteore Bezug hat, nämlich die kosmischen Beziehungen, so wie die Benutzung der Meteorbeobachtungen zu andern Zwecken, aufserdem die telescopischen Sternschnuppen u. s. w., werden späterhin noch in besondern Abschnitten besprochen werden. Die Totalübersicht bezieht sich auf die Verhältnisse, welche für die erwähnten Jahre im Vorigen ermittelt werden konnten. Indem ich der früheren Anordnung folge, beginne ich wieder mit der Vertheilung (Häufigkeit) der Meteore im Laufe des ganzen Jahres.

I. Anzahl.

Jahr.		Summe.	Jan.	Febr.	März	April	Mai	Juni	Juli	Aug.	Sept.	Oct.	Nov.	Dec.
1842	=	311	—	—	—	—	—	—	15	188	21	33	47	7
1843	=	385	13	1	12	5	7	2	9	150	107	33	34	12
1844	=	523	16	4	7	27	8	4	37	312	41	28	27	12
1845	=	613	4	5	5	14	7	32	34	262	93	75	40	42
1846	=	411	27	7	11	11	9	27	124	70	8	25	66	26
1847	=	473	9	6	17	10	14	14	38	188	21	21	34	101
1848	=	483	24	6	13	10	23	7	90	175	27	59	10	39
1849	=	505	22	4	1	7	21	17	29	122	24	46	207	5
1850	=	364	21	9	22	2	7	6	30	226	3	11	14	13
		4068	136	42	88	86	96	109	406	1693	345	331	479	257

Wenn ich jetzt aus den einzelnen Monatssummen Mittelzahlen bestimme, so können diese natürlich nicht die Zahlen bezeichnen, welche im Mittel irgend welcher Beobachter als Ausdruck der Häufigkeit der Meteore in verschiedenen Monaten finden würde. Sie geben nur an wie viel Meteore ein Beobachter zu verschiedenen Zeiten des Jahres ungefähr zu sehen erwarten darf, der ganz oder nahe zu unter denselben Verhältnissen, mit demselben Zeitaufwande, unter ähnlichen Unterbrechungen, unter ähnlichen Zuständen der Witterung darnach aussieht, wie ich es gethan habe. Ihr Zweck ist vielmehr, einen Ausdruck für die Häufigkeit der Erscheinungen zu liefern, der, als Curve dargestellt, die verschiedenen Perioden erkennen läfst. Indem aber solche Jahrescurve nur ganz im Allgemeinen das Auftreten der (meist schon bekannten) periodischen Meteorerscheinungen ausspricht, ist die später folgende Tabelle über die „stündliche Anzahl" im Stande, die schärferen Gränzen solcher Perioden entweder zu bestimmen, oder doch wenigstens anzudeuten. —

Rechne ich für 1842 nur ein halbes Jahr, weil die Beobachtungen erst im Juli beginnen, so folgt, dafs ich im Mittel jährlich etwa 478 Meteore gesehen habe, und zwar durchschnittlich

im	Januar . . .	17	Meteore (A)
-	Februar . . .	5	-
-	März	11	-
-	April	11	-
-	Mai	12	-
-	Juni	14	-
-	Juli	45	-
-	August . . .	188	-
-	September . .	38	-
-	October . . .	37	-
-	November . .	53	-
-	December . .	29	-

Zwischen dem Juli 1842 und dem December 1850 habe ich unter den mannigfaltigsten Umständen im Ganzen an 900 Tagen nach Meteoren ausgesehen. Der Beobachtungsort ist in diesen Jahren häufig gewechselt worden; die Breiten der nördlichsten und südlichsten Punkte sind 54°,2 und 49°,5. Bei der Unvollständigkeit meiner früheren Angaben hält es schwer, die Anzahl von Stunden zu ermitteln, die im Ganzen zu den Meteorbeobachtungen benutzt wurden. Als Minimum setze ich 2000 Stunden; wahrscheinlich aber ist die Zahl erheblich gröfser. — Am häufigsten (an 136 Tagen) wurde im Jahre 1845 in Bilk, am wenigsten (an 69 Tagen) im Jahre 1850 in Bonn beobachtet. Aus den 8½ Beobachtungsjahren ergiebt sich die Durchschnittszahl der Tage, an denen mit gröfserem oder geringerem Erfolge nach den Meteoren ausgesehen wurde = 105, und unter diesen waren durchschnittlich 18 Tage, an denen (bei genügend günstigen Umständen) Nichts wahrgenommen wurde.

Ordne ich die Zahl der Beobachtungstage nach den Monaten, so finde ich im Mittel

für den	Januar . . .	7	Tage (B)
-	Februar . . .	4	-
-	März	6	-
-	April	6	-
-	Mai	9	-
-	Juni	8	-
-	Juli	10	-
-	August . . .	16	-
-	September . .	12	-
-	October . . .	10	-
-	November . .	10	-
-	December . .	8	-

Diese Zahlen bezeichnen zugleich im Allgemeinen den Zustand der Atmosphäre, in wie weit dieser zu verschiedenen Zeiten des Jahres die Meteorbeobachtungen begünstigt oder beschränkt. Es zeigt sich darnach, dafs für das mittlere Deutschland der August die meisten, der Februar die wenigsten heiteren Nächte hat. Nehmen wir für einen Augenblick an, dafs die Meteore das ganze Jahr hindurch an jedem Tage in gleicher

Häufigkeit erscheinen, und dafs in jedem Monate dieselbe Zeit zu ihrer Beobachtung gebraucht wurde, so würden wir nach Mafsgabe der beiden für die Häufigkeit der Meteore, und die Anzahl der Beobachtungstage eben ermittelten Zahlenreihen finden, dafs in jedem Monate an circa 9 Tagen nahe 40 Meteore hätten gesehen werden müssen. Berechnen wir nach solcher Voraussetzung, wie viel Meteore jedem Monate zukommen müfsten, wenn wir die unter (B) aufgeführten Beobachtungstage in Betracht ziehen, so würden wir finden

für	Januar	statt	17 Met.,	jetzt	31 Met.	Differenz	—	14
-	Februar	-	5	-	18	-	—	13
-	März	-	11	-	27	-	—	16
-	April	-	11	-	27	-	—	16
-	Mai	-	12	-	40	-	—	28
-	Juni	-	14	-	35	-	—	21
-	Juli	-	45	-	44	-	+	1
-	August	-	188	-	71	-	+	117
-	Sept.	-	38	-	53	-	—	15
-	Octob.	-	37	-	44	-	—	7
-	Nov.	-	53	-	44	-	+	9
-	Dec.	-	29	-	35	-	—	6

Die beigefügten Differenzen zeigen, dafs die 2te Hälfte des Jahres an Meteoren am reichsten ist; sie bezeichnen zugleich die bereits bekannten periodischen Erscheinungen, unter denen der Laurentiusstrom am meisten hervortritt. Das Uebergewicht des November erscheint hier freilich unbedeutend; allein Phänomene, wie die berühmten von 1799. 1833. 1834, wiederholen sich nicht in jedem Jahre, und haben vielleicht in Betreff des Maximums und Minimums ihrer Intensität eine bis jetzt noch unbekannte Periode der Wiederkehr.

Ich werde jetzt eine Tafel zusammenstellen über die „stündliche Anzahl" der Meteore, und dazu die Werthe benutzen, die für die Jahrgänge von 1842—1850 ermittelt worden sind. Ungeachtet ihrer Unvollständigkeit und zum Theil erheblichen Unsicherheit halte ich es doch für interessant, die Mittelwerthe hier aufzuführen. Sie werden, wie schon erwähnt, die Meteorperioden schärfer bezeichnen, und durch Vergleichung mit ähnlichen Resultaten anderer Beobachter klar machen, dafs solche Zahlen gar sehr von der jedesmaligen Individualität des Beobachters abhängen. Bei der zum Theil grofsen Unsicherheit meiner Angaben, die ich in den frühern Abschnitten durch (*) angedeutet habe, scheint es mir durchaus überflüssig, in diesem Falle eine besondere Rücksicht auf die Vertheilung des relativen Werthes jeder Bestimmung zu nehmen, wie dies z. B. bei feineren astronomischen Untersuchungen allerdings sehr wünschenswerth ist. Ich werde die einzelnen Zahlen so zu einem Mittel vereinigen, wie es mir nach Einsicht der Originalbeobachtungen zulässig zu sein scheint, und hinzufügen, in wie vielen Jahren diese Bestimmungen wiederholt worden sind.

		stündl. Anzahl	aus Beobachtungen von			stündl. Anzahl	aus Beobachtungen von
Jan.	1.	= 22 (*)	1 Jahre.	Juni	4.	= 10 (*)	1 Jahre.
-	2.	7	3 -	-	6.	6	1 -
-	3.	12	2 -	-	11.	5	1 -
-	19.	2	1 -	-	19.	5	1 -
-	21.	3 (*)	2 -	Juli	3.	4	1 -
-	23.	2	1 -	-	6.	4	3 -
März	29.	6	1 -	-	7.	5	1 -
-	30.	4	1 -	-	10.	5	1 -
April	12.	6	1 -	-	11.	6	1 -
-	15.	2	1 -	-	15.	4	2 -
-	21.	18	1 -	-	17.	2	1 -
-	24.	1	1 -	-	22.	2	2 -
-	25.	3	1 -	-	23.	5	3 -
-	28.	2	3 -	-	24.	5	3 -
Mai	5.	3	1 -	-	26.	9	1 -
-	11.	5	1 -	-	27.	16	1 -
-	17.	8 (*)	1 -	-	28.	13	2 -
-	26.	11 (*)	1 -	-	29.	15	5 -
-	28.	2	1 -	-	30.	7	3 -
-	31.	1	1 -	-	31.	9	3 -

		stündl. Anzahl	aus Beobachtungen von				stündl. Anzahl	aus Beobachtungen von	
Aug.	1.	= 12	1	Jahre.	Sept.	14.	= 4	1	Jahre.
-	2.	11	2	-	-	15.	5	2	-
-	3.	11	3	-	-	17.	5	1	-
-	4.	8	6	-	-	18.	6	2	-
-	5.	14	4	-	-	19.	6	2	-
-	6.	6	1	-	-	20.	4	4	-
-	7.	11	3	-	-	21.	1	1	-
-	8.	15	4	-	-	23.	4	2	-
-	9.	29	8	-	-	24.	12	1	-
-	10.	31	6	-	-	25.	6	1	-
-	11.	19	5	-	-	26.	13 (*)	1	-
-	12.	7	3	-	-	28.	5	1	-
-	13.	9	2	-	Oct.	1.	5	1	-
-	15.	7	2	-	-	3.	10	1	-
-	17.	12	2	-	-	7.	7	1	-
-	18.	8	1	-	-	8.	3	1	-
-	20.	6 (*)	2	-	-	10.	9	2	-
-	21.	6	1	-	-	12.	5	1	-
-	22.	1	1	-	-	15.	5	2	-
-	23.	17 (*)	1	-	-	18.	12 (*)	1	-
-	24.	5	1	-	-	19.	15 (*)	1	-
-	26.	10	1	-	-	20.	8 (*)	1	-
-	28.	2	1	-	-	21.	3	1	-
-	29.	6	3	-	-	22.	14	1	-
-	30.	3	1	-	-	23.	6	1	-
Sept.	1.	2	2	-	-	24.	8	2	-
-	3.	8	1	-	-	26.	8	2	-
-	5.	22 (*)	1	-	-	28.	3	1	-
-	6.	2	1	-	-	30.	15	1	-
-	7.	10	2	-	Nov.	1.	8	2	-
-	8.	7 (*)	1	-	-	2.	7	1	-
-	11.	5 (*)	1	-	-	5.	4	2	-
-	12.	6	3	-	-	6.	13	2	-
-	13.	2	2	-	-	8.	2 (*)	1	-

	stündl. Anzahl	aus Beobachtungen von		stündl. Anzahl	aus Beobachtungen von
Nov. 10.	= 6	2 Jahren.	Dec. 2.	= 2	1 Jahre.
- 11.	6	2 -	- 3.	8	1 -
- 12.	14	2 -	- 4.	2	2 -
- 13.	10	2 -	- 9.	1	1 -
- 14.	8	2 -	- 11.	7	2 -
- 17.	5	1 -	- 12.	18	1 -
- 19.	7	1 -	- 13.	1	2 -
- 20.	5	1 -	- 20.	14	1 -
- 21.	2	1 -	- 28.	8	1 -
- 23.	4	1 -			

Diese Tabelle, welche die stündliche ungefähre Anzahl der Meteore nur für 89 Tage im Jahre angiebt, zeigt trotz ihrer Unvollständigkeit fast alle bekannten Perioden. Die Januarperiode, so viel mir bekannt, zuerst von Heis bemerkt, ist in den 3 Zahlen für Jan. 1. 2. u. 3. ausgesprochen, von denen die beiden Letztern nicht ganz unsicher sein dürften. Am 21sten April treffen wir auf eine noch höhere Zahl, welche an eine vermuthliche periodische Erscheinung erinnert, auf die schon Arago aufmerksam gemacht hat. Aehnlich verhält es sich mit Mai 26., an welchem Tage Heis (briefliche Mittheilung) ebenfalls einen periodischen Meteorstrom vermuthet. Ueber Juni 4. läfst sich bis jetzt Nichts bestimmen. Die Juliperiode kann nicht mehr bezweifelt werden; mir ist sie zuerst im Jahre 1846 aufgefallen, als ich in der Nacht des 29. Juli nach dem Erdbeben eine ungewöhnliche Anzahl, aber wenig glänzende Sternschnuppen beobachtete. Dafs ich dies Phänomen in gar keine Beziehung zum Erdbeben setze, ist schon vorhin ausgesprochen worden. Der Uebergang zum Laurentiusstrom ist der Art, dafs die gefundenen Zahlen für die stündliche Häufigkeit der Meteore, die mittlere Häufigkeit erheblich übertreffen; es scheint eine geringere Zwischenperiode von Aug. 1.—3. fast unzweifelhaft, und vielleicht reicht diese von Aug. 1. bis Aug. 10., allmählig steigend. Das Hauptphänomen vom 7.—11. August ist hinlänglich sicher durch die angeführten Zahlen bezeichnet [1]). Um daran zu erinnern, wie sehr ungleich die stündliche Anzahl der Meteore an demselben Tage, unter denselben Umständen von verschiedenen Beobachtern angegeben werden könne, bemerke ich, dafs, während ich am 11. August 1847 in einer Stunde 39 Meteore sah, einer meiner Freunde deren nur 23 bemerkte, obgleich er fast ohne alle Unterbrechung über 2 Stunden mit mir denselben Himmelsraum durchmusterte [2]). — In Ermangelung zahlreicherer Beobachtungen für die zweite Hälfte des August, läfst sich der Gang der Curve nicht mit Sicherheit verfolgen, wenngleich es unzweifelhaft scheint, dafs noch an einigen Tagen die Meteore sehr häufig gesehen werden. Ganz ähnlich verhält es sich mit dem September. Die Octoberperiode aber ist nach meinen Beobachtungen, noch mehr aber nach Heis, der mich erst darauf aufmerksam gemacht, nicht mehr zu bezweifeln, nur läfst sich der eigentliche Tag der gröfsten Häufigkeit noch nicht mit Sicherheit bestimmen. Wie es sich mit dem grofsen Novemberphänomen verhalte, ist hinlänglich bekannt. Dafs ich es seit 1841 nicht gesehen habe, dafs es an andern Orten weniger bedeutend als früher, gleichsam nur sporadisch beobachtet wurde, erscheint wenig von Belang, da kein Grund zu der Voraussetzung vorhanden ist, dafs solche Erscheinung jedes Jahr in derselben Intensität auftreten müsse, und Andeutungen vorhanden sind, welche eine Periode von 32 bis 33 Jahren für die Wiederkehr des Maximums vermuthen lassen. Am 6. December habe ich die Meteore nie zahlreich gesehen, aber ihre zunehmende Häufigkeit zwischen Dec. 9. und Dec. 13. ist mir seit 1846 bekannt gewesen. Ob in der 2ten Hälfte des Monats gegen Dec. 20. eine abermalige Zunahme, oder am Ende des Decembers eine ähnliche, als Uebergang zur Januarperiode stattfinde, läfst sich aus meinen Beobachtungen nicht ermitteln.

---

[1]) Vergl. Kosmos III. p. 603.

[2]) Eine ganz ähnliche Erfahrung machte ich im August 1851, als ich in Gesellschaft der Herren Busch, Fearnley und R. Schumacher auf der Königsberger Sternwarte die stündliche Zahl der Meteore beobachtete.

Die Frage nach der mittleren stündlichen Anzahl der Meteore im Allgemeinen, ist schwer zu beantworten. Jeder Beobachter wird verschiedene Zahlen finden, und den gröfsten Werth Derjenige, welcher bei gehöriger Uebung, dieser Untersuchung jede heitere Nacht des Jahres widmet. Es scheint mir aber, dafs man bei der Angabe der stündlichen Anzahl, die Zeiten der gröfseren und geringeren Häufigkeit der Meteore trennen, und beide für sich betrachten müsse; berücksichtigt man in Folge späterer und sorgfältiger Beobachtungen auch die Zeiten, in denen gar keine Meteore gesehen werden, so wird sich wahrscheinlich herausstellen, dafs die seither angenommenen Mittelzahlen von 5—8 für die Stunde, eher zu grofs als zu klein seien. — Ich nenne nach meinen Beobachtungen die Meteore häufig, wenn ihre stündliche Anzahl 8 überschreitet und scheide die sporadischen Meteore von den periodischen. Berechne ich aus der letzten Tafel über die stündliche Anzahl, Mittelwerthe für jeden Monat, so finde ich:

	stündl. Anzahl für die sporadischen Meteore.	stündl. Anzahl für die periodischen Meteore.
im Januar . .	3,4	17,3
- März . . .	4,9	
- April . . .	2,4	18,0
- Mai . . .	3,9	10,7
- Juni . . .	5,3	10,0
- Juli . . .	4,5	12,3
- August . .	5,3	15,0
- September .	4,7	14,1
- October . .	4,5	11,1
- November .	5,3	12,4
- December .	4,0	16,0

Es sind hier nur die Tage in Rechnung genommen worden, an denen die Meteore nie fehlten; berechne ich Mittelwerthe in Rücksicht auf die Anzahl der Beobachtungstage, so finde ich, dafs das ganze Jahr hindurch die mittlere stündliche Anzahl der Meteore zu den Zeiten, da sie weder ganz fehlen, noch häufig sind = 4,5 ist, d. h., dafs man alsdann 4 bis 5 Erscheinungen in einer Stunde zu erwarten habe, wenn man wenigstens ⅓tel der sichtbaren Himmelshemisphäre aufmerksam durchmustert. Es ergiebt sich ferner die stündliche Anzahl = 13 bis 14, im Durchschnitt zu den Zeiten, da jedesmal mehr als 8 Meteore in einer Stunde gesehen werden, also zur Zeit der periodischen Erscheinungen. Während man also zur Zeit der periodischen Erscheinungen im Januar, Juli, August, October, November und December, im Mittel 13 bis 14 Sternschnuppen in der Stunde erwarten kann, sinkt diese Mittelzahl in den Zwischenzeiten, wenn überhaupt Meteore erscheinen, auf 4 bis 5, und, wie ich vermuthe, zumal im Februar, oftmals auf Null. Nimmt man aus den 90 Angaben der Tafel einfach ein Mittel, so ergiebt sich, ohne Rücksicht auf die gröfsere oder geringere Häufigkeit der Meteore die stündliche Durchschnittszahl zwischen 10 und 11. — Um aus der stündlichen Häufigkeit die Natur des Laurentiusphänomens genauer kennen zu lernen, um zu erfahren, ob gegen Ende Juli eine besondere Vorperiode eintrete, oder ob von dieser Zeit an eine allmählige Zunahme in der Häufigkeit der Meteore bis zum 10. August hin stattfinde, sammelte ich alle hierauf bezüglichen Angaben, die mir zur Zeit zugänglich waren, und verband damit meine eigenen seit 1842 angestellten Beobachtungen. Diese Zahlen sind nun aus sehr verschiedenen Quellen erlangt worden. Bei der Art, wie man sie gedruckt findet, bleibt es oft zweifelhaft, was man als stündliche Anzahl zu nehmen habe. Unzureichende Angaben über die Zahl der Beobachter, über den Zustand der Luft, über die Ausdehnung des Raumes am Himmel, an welchem man nach Meteoren ausgesehen hat, lassen immer erhebliche Zweifel an der Zuverlässigkeit der Angaben über die stündliche Anzahl übrig. Indessen lag mir nur daran, zu sehen, was die seitherigen Beobachtungen in der ersten Hälfte dieses Jahrhunderts ganz im Allgemeinen für die Curve ergeben, durch welche man das Zu- und Abnehmen des Laurentiusstromes darstellen kann. Die folgende Tabelle giebt nun für alle Tage zwischen Juli 26.

und Aug. 13. die stündliche Anzahl meistens aus sehr vielen Beobachtungen ermittelt, wie folgt:

Datum	stündliche Zahl	Zahl der Beobachtungen	Zahl der Jahre
Juli 26.	19	3	2
- 27.	16	4	3
- 28.	22	7	4
- 29.	16	9	6
- 30.	12	7	4
- 31.	10	7	5
Aug. 1.	8	2	2
- 2.	9	4	3
- 3.	11	5	5
- 4.	12	10	7
- 5.	15	6	5
- 6.	23	4	4
- 7.	16	9	6
- 8.	19	13	8
- 9.	33	45	13
- 10.	41	48	15
- 11.	28	40	11
- 12.	17	6	5
- 13.	7	3	2

Die Zunahme gegen den 10. August hin ist durchaus sicher, ich mag Beobachtungen wählen, welche ich will, wobei noch zu bemerken ist, dafs ich die sehr grofsen an sich ihrer Richtigkeit nach zwar nicht zu bezweifelnden Zahlen von 150 bis 200 und mehr als stündliche Anzahl, ausgelassen habe, damit man nicht vermuthen könne, dafs die Tage um den 10. August nur auf Kosten dieser grofsen Zahlen ihre überwiegend gröfsere stündliche Anzahl erhalten hätten. Wollte ich jene grofsen Zahlen zum Mittel hinzuziehen, so würde sich für Aug. 10. statt 41 jetzt 61 als stündliche Anzahl ergeben. Die Tafel läfst kaum noch einen Zweifel übrig, dafs die Juliperiode um Juli 28. 29. von der des Laurentiusstromes getrennt sei. Ob ein abermaliges Steigen der Häufigkeit der Meteore um Aug. 6. 7. statt finde, scheint mir weniger sicher begründet. Aufser meinen und Heis Beobachtungen habe ich die Angaben benutzt, welche zerstreut in verschiedenen Werken mitgetheilt sind. Ich fand Beobachtungen in Paris, Lüttich, Gent, Brüssel, Cöln, Hamburg, Bremen, Frankfurt, Berlin, Königsberg, Düsseldorf, Breslau, Wien, Bern, Genf, Toulon, Turin etc. Am sichersten sind wohl die Beobachtungen von Coulvier-Gravier in Paris, die oft lediglich in der Absicht angestellt wurden, um die stündliche Häufigkeit, um die Periodicität der Meteore zu ergründen. Die Differenzen der einzelnen Angaben, wenn man alle Beobachtungen betrachtet, sind ungemein grofs, aber in der Natur des Gegenstandes und der Art der Beobachtung selbst begründet. Er ist noch nicht spruchreif, und die scharfe Untersuchung über die wahre die Laurentiusperiode darstellende Curve mufs sich auf besseres Material und andere Anordnung der Beobachtungen stützen.

Anmerkung. Ich finde in dem Werke von Wolff: „Vernünftige Vermuthungen von den Wirkungen der Natur" eine Stelle, worin die Feuermeteore besprochen werden, mit dem Zusatze, dafs 1710 Aug. 10. in Breslau viel fallende Sterne gesehen worden seien.

In Olbers Anmerkungen über David und Johann Fabricius, Astr. Nachr. N. 729. sind 2 Meteorfälle von 1608 Dec. 8. und 1611 Dec. 9. aufgeführt, die für die Decemberperiode einiges Interesse haben.

II. Farben.

Ich stelle zuerst die für 1842—1850 ermittelten Zahlen zusammen, welche das Vorkommen verschiedener Farben an den Meteoren ausdrücken, indem angegeben wird, wie viele Meteore von weifser, gelber, rother Farbe etc. unter 100 beobachteten Erscheinungen sich gezeigt haben.

Unter 100 Meteoren waren:

	Weifse	Gelbe	Gelbrothe	Grüne	Neblige
1842	= 84,9	= 1,6	= 6,7	= 2,6	= 4,2
1843	73,2	6,7	11,9	4,9	3,4
1844	67,3	16,4	3,2	5,2	7,6
1845	68,6	8,3	6,4	1,3	15,4
1846	55,1	13,4	6,1	3,8	21,6
1847	58,4	13,4	7,3	1,6	19,2
1848	51,9	22,1	5,5	2,3	18,1
1849	41,2	27,9	3,7	1,7	25,5
1850	56,7	23,2	3,2	0,6	16,3

Es ergiebt sich sonach aus den Beobachtungen von 9 Jahren, daſs im Mittel

61,9	Weiſse	(ungefähre Unsicherheit	$\pm$ 3,0)
14,8	Gelbe	(- -	$\pm$ 2,1)
6,0	Gelbrothe	(- -	$\pm$ 0,6)
2,7	Grüne	(- -	$\pm$ 0,4)
14,6	Neblige	(- -	$\pm$ 1,7) unter

100 Meteoren vorkommen, oder, daſs unter allen von mir beobachteten Meteoren ungefähr $\frac{2}{3}$tel die weiſse, $\frac{1}{7}$tel die gelbe, $\frac{1}{17}$tel die gelbrothe, $\frac{1}{37}$stel die grüne und $\frac{1}{7}$tel die nebelartige graue Färbung zeigten.

Es ist bekannt, daſs bei Farbenschätzungen die verschiedenen Beobachter mitunter erheblich von einander abweichen, sowohl bei Farben der Doppelsterne, als in andern Gelegenheiten. Wenn bei den Meteoren in dieser Beziehung noch gröſsere Differenzen vorkommen sollten, so würde die kurze Dauer und groſse Geschwindigkeit solcher Phänomene dies wenig auffallend erscheinen lassen. Ob complementäre Farbeneffecte bei den Meteoren auftreten, ist mir stets zweifelhaft gewesen, und ich glaube jetzt, nach so vielfältigen Beobachtungen, daſs sie hier gar keine Rolle spielen. Man gelangt zu dieser Ueberzeugung leicht, wenn man zahlreiche Meteore von groſsem Glanze und intensiv grüner Farbe gesehen hat, in welchen entweder meistens das Roth gänzlich fehlte, oder in seltenen Fällen mit dem Grün in schnellen Absätzen wechselte, oder endlich (Jan. 21. 1848), wenn in scharfbegränzten Formen sich gluthfarbige Streifen am grünen Meteorkörper zeigen. Fast alle Gründe, welche sich bei dem Nordlichte, bei den Doppelsternen und bei den rothen Protuberanzen während totaler Sonnenfinsternisse, gegen die Existenz complementärer Farbenerscheinungen aufstellen lassen, finden auch bei den Meteoren ihre Anwendung. Bei Weitem die meisten Sternschnuppen sind rein weiſs im ganzen Verlaufe ihrer Bahn, und es sind seltene Ausnahmen, wenn sie gegen das Ende ihres Laufes grün oder roth werden, oder ein anders gefärbtes Schweiffragment hinterlassen. Nach den weiſsen sah ich die rein und intensiv gelben Meteore (ohne Uebergang zum röthlichen Lichte) am häufigsten. Wirklich rothe, carmin- und blutfarbige Meteore habe ich nie gesehen. Wo ich Roth bemerkte, erschien es stets als eine Zusammensetzung mit Gelb. Ich habe sie nur dann von den Gelben getrennt, wenn sie entschieden ein orange- oder feuerähnliches Colorit zeigten. Das grüne Licht, obgleich am seltensten vorkommend, ist stets so intensiv und so stark ausgesprochen, dafs ich darüber niemals im Zweifel blieb. Die trüben und lichtschwachen Fragmente, welche die gewöhnlich sehr hellen und prachtvollen grünen Meteore oft zurücklassen, sind meistens schwach röthlich, einer verglimmenden Kohle ähnlich. Blau habe ich (vielleicht mit einer Ausnahme Juli 31. 1842) niemals an den Meteoren bemerkt. Es ist mir oft auffallend gewesen, dafs verschiedene Personen sowohl Fixsterne als Sternschnuppen, die ich entschieden grün nannte, als blau oder blaugrün bezeichneten. Nebelartige Meteore hat man, so viel mir bekannt ist, früher nicht von anderen unterschieden. Indessen habe ich gleich am Anfange meiner Beobachtungen diese Unterscheidung nöthig gefunden. Wenn ich auch gern zugebe, dafs einem schärferen Auge viele der kleinsten Sternschnuppen 5^m—6^m scharf begränzt und weifs erscheinen mögen, so darf nicht unerwähnt bleiben, dafs unter diesen lichtschwächsten Phänomenen sehr viele einen bedeutenden Durchmesser zeigen, so dafs sie oft einer schnell hinfliegenden ganz kleinen Nebelwolke gleichen. Körper dieser Art hatten stets ein aschfarbiges nebelhaftes Ansehen, und sehr selten erreichten sie die Helligkeit von Sternen der 3ten Gröfse.

Wenn man die Schwierigkeiten und Hindernisse erwägt, welche sich einer genauen und speciellen Kenntnifs der physikalischen Eigenschaften der Meteore, der Erforschung ihrer Bestandtheile, der Entdeckung der Bedingungen entgegenstellen, unter welchen sie vielfarbig und lichtstrahlend, oft mit lang schimmernden Schweifspuren in der Nähe der Erde leuchtend werden, feste Massen herabwerfend, oder ganz verbrennend, so unterliegt es wohl keinem Zweifel, dafs den wenigen Erscheinungen, die wir mit den Augen wahrnehmen, die sich in Farben und Schweifentwicklungen offenbaren, eine weit gröfsere Aufmerksamkeit zugewendet werden müsse, als seither geschehen ist. Fortgesetzte correspondirende Beobachtungen werden in der That mehr und mehr dazu führen, die kosmischen Verhältnisse der Meteore, ihre Bewegungen im Raume, ihre Geschwindigkeiten, ihre Entfernungen von der Erde noch viel besser kennen zu lernen, als es jetzt der Fall ist. Aber das einseitige Verfolgen dieser Richtung wird nie Aufklärung über das räthselhafte innere Wesen dieser Körper verschaffen, so lange man die Sternschnuppen nur als mathematische Punkte betrachtet, deren Bewegungen dem strengen Calcul unterworfen werden können. Wie im Sonnensysteme alle bis jetzt bekannten Planeten, Cometen und Trabanten denselben Bewegungsgesetzen unterworfen sind, und doch alle unter sich verschieden, den grofsen Reichthum oft sehr differirender Erscheinungen darbieten, so treten auch im Himmelsraume, in der ungemessenen Zahl von Meteoren individualisirte Gruppen hervor, deren äufserliche, nur auf dem Wege des Lichtes kundgegebene Phänomene, als die einzigen Wahrzeichen ihres Wesens, als die einzigen Antworten auf unsere Fragen nach ihrem Entwicklungs- und Zerstörungsprozesse, zu unserm Wissen gelangen. Wenn sich jetzt schon nach nur 9jährigen Beobachtungen herausstellt, dafs die Häufigkeit gewisser Farben im Durchschnitt auf gewisse Gränzen angewiesen ist, dafs unzweifelhaft das weifse Licht am meisten, das grüne am seltensten gesehen wird, so werden wir nothwendig daran erinnert, dafs entweder ganze Gruppen von verschiedener Mächtigkeit in Folge gleichartiger chemischer Bestandtheile, dieselben Farbenerscheinungen darbieten, während andere aus ähnlichem Grunde andere Farben entwickeln, und endlich, dafs Uebergangsformen vorhanden seien, in denen das Aufleuchten verschiedener Farben möglich wird. Aber selbst wenn man diese Ansicht nicht weiter verfolgt, und z. B. die Farben der Meteore lieber mit der ungleichen Entfernung derselben von der Erde in Beziehung setzen will, wenn man endlich daran denken sollte, dafs in Folge der gesammten Raumbewegung unseres Systems im Laufe der Jahrhunderte die Farbenerscheinungen sich verändern möchten, weil vielleicht das vermuthete Medium im Weltraum nicht überall dieselben Eigenschaften hätte, — immer behalten diese, auffallend an Zahlenverhältnisse gebundenen Phänomene für die physikalischen Kenntnisse der Meteore dieselbe Bedeutung, und es wäre sehr zu wünschen, dafs man jetzt beginne, dieselben gründlich aufzufassen und zu verfolgen, was im Laufe eines halben Jahrhunderts, seitdem die Untersuchungen über die Meteore auf wissenschaftlichem Gebiete stattfanden, nicht geschehen ist. Die Ergründung der qualitativen und quantitativen Verhältnisse der Bestandtheile in den Aerolithen hat in neueren Zeiten viel Licht über diesen Gegenstand verbreitet; aber dem ganzen Meteorphänomen gegenüber verschwinden die wenigen zerstreuten Fragmente, und sind nicht völlig im Stande, die Frage zu entscheiden: ob die sogenannten Feuerkugeln (grofse detonirende Feuermeteore) mit den gewöhnlichen periodischen und sporadischen Sternschnuppen identisch sind, von denen Letzteren man noch niemals mit Gewifsheit eine Spur aufgefunden hat, selbst wenn sie zu vielen Tausenden in einer Nacht gesehen wurden. Ich mache nur vorübergehend, um mich frei von Hypothesen zu halten, auf diesen Umstand aufmerksam, wenngleich ich es auch für wahrscheinlicher halten möchte, dafs die erwähnten beiden Phasen der Meteorerscheinung, in welcher zu Zeiten die Uebergangsformen nicht gefehlt haben, im Wesentlichen desselben Ursprunges seien. —

Was nun die Zahlwerthe für die Farbenerscheinungen von 1842—1850 betrifft, so zeigt sich beim ersten Anblick bei den weifsen, gelben und nebelhaften Meteoren ein auffallender Gang. Diese Veränderung in den Zahlen, mit den Jahren fortschreitend, ist lediglich subjektiv, und hängt genau mit meiner Beobachtungsart, namentlich mit der zunehmenden Uebung zusammen. Indem ich im Jahre 1842, wenig mit dem Gegenstande vertraut, bei so schnellen Körpern höchstens die sehr auffälligen Farben unterschied, und lieber auf die gröfsern Phänomene achtete, indem viele der kleinen übersehen wurden, gelangte ich durch mehrjährige Uebung dahin, die feinen Nüancirungen zwischen Weifs und Gelb, die etwas stärkern zwischen dem reinen Gelb und dem Gelbroth, das noch entschieden weifse, wenn auch schwache Licht, von dem nebelartig verwaschenen Glanze eben so kleiner Meteore, schärfer zu trennen, bis etwa im Jahre 1847 das Urtheil sich hinlänglich befestigt hatte. Sonach ist es sehr natürlich, dafs, während Anfangs die weifsen Meteore sehr überwiegen, und die kleinsten nebelartigen kaum vertreten sind, die gelben und nebelhaften Meteore häufiger angemerkt wurden in dem Mafse, als ich sie mehr und mehr von den weifsen zu unterscheiden vermochte [1]).

III. Scheinbare Gröfsen.

Die 6 Gröfsenklassen der mit freiem Auge sichtbaren Fixsterne habe ich ebenfalls, wie es gewöhnlich geschieht, auf die Meteore angewandt, wobei nur zu bemerken ist, dafs ich die sehr glänzenden, oftmals die Nacht blitzartig erhellenden Erscheinungen mit zu der ersten Klasse rechnete, und für sie keine besondere Abtheilung einführte. Das Vorkommen der verschiedenen Gröfsen in den Jahren 1842—1850, ist bereits für die einzelnen Jahre ermittelt worden. Der Uebersichtlichkeit wegen stelle ich sie hier nochmals zusammen.

---

[1]) In den Jahren 1844, 1848 und 1849, habe ich mehrfach die Dauer der Sichtbarkeit gefärbter Meteore beobachtet. Die einzelnen Zahlwerthe sind bereits früher mitgetheilt worden, und ich gebe hier noch das mit Rücksicht auf die Anzahl der Beobachtungen gezogene Mittel, welches, wenn auch unsicher genug, mir doch nicht ganz illusorisch zu sein scheint.

Mittlere Dauer der Sichtbarkeit bei

Nebligen	$= 0^s,91$	. . .	17 Beob.
Weifsen	$= 0,92$	. . .	100 -
Gelben	$= 1,03$	. . .	106 -
Gelbrothen	$= 1,31$	. . .	20 -
Grünen	$= 1,85$	. . .	17 -

Unter 100 Meteoren waren

	(1m)	(2m)	(3m)	(4m)	(5m)	(6m)
1842 =	29,0	30,5	24,5	10,3	4,8	0,9
1843 =	22,3	28,6	28,0	16,3	3,6	0,5
1844 =	15,8	19,1	29,9	22,2	10,4	2,5
1845 =	10,8	16,2	26,8	25,2	15,4	5,5
1846 =	18,8	20,6	19,5	25,0	13,0	3,1
1847 =	22,3	19,3	18,5	23,8	11,8	4,3
1848 =	17,2	19,3	22,2	26,5	11,4	3,4
1849 =	9,1	17,2	22,9	28,9	14,2	7,7
1850 =	11,4	20,2	25,0	22,4	14,2	6,7

Als Mittelzahlen findet man

17,4	der 1sten	Gröfse; ungefähre Unsicherheit	± 1,5
21,2	- 2ten	-	± 1,2
24,1	- 3ten	-	± 0,9
22,3	- 4ten	-	± 1,4
11,0	- 5ten	-	± 0,9
3,8	- 6ten	-	± 0,5

Aehnlich wie bei den Farben (II.) zeigt sich auch hier ein Gang in den Zahlen, welche die Häufigkeit der Meteore 1m, 2m, 4m, 5m und 6m ausdrücken. Diese Veränderungen haben ihren Grund wiederum nur in der Art der Beobachtung, in der zunehmenden Uebung, die verschiedenen Gröfsenklassen sicherer von einander zu unterscheiden. Indem ich Anfangs nicht nur vorzugsweise die helleren Erscheinungen ins Auge fafste, sondern meistens auch der Ueberraschung wegen, den Glanz überschätzte, gingen mir viele der schwächeren Meteore verloren, denen ich erst seit dem Jahre 1844 eine besondere Aufmerksamkeit zuwandte. Wenn ich nach und nach mich bemühte, die Gröfsen von hellen Meteoren schwächer zu schätzen, und gleichzeitig mehr auf die kleinen achtete, so mufste sich die Zahl der Meteore 1ster und 2ter Gröfse verringern, die der 3 letzten Klassen aber vermehren, während die 3. Klasse, gewissermafsen als Uebergangsstufe sich nur wenig veränderte. Hierdurch wird der Gang in den Zahlen im Allgemeinen erklärt; ob aber die sonstigen Abweichungen der Zahlen für Meteore der 1^m zwischen 1845 und 1850 einen reellen Grund haben, läfst sich jetzt noch nicht bestimmen. Im Durchschnitt kann man annehmen, dafs von allen Meteoren, die ich beobachtet habe, ungefähr $\frac{3}{17}$ die erste, $\frac{3}{14}$ die 2te, $\frac{1}{4}$ die 3te, $\frac{2}{9}$ die 4te, $\frac{1}{9}$ die 5te und $\frac{1}{26}$ die 6te Gröfse gezeigt haben.

Für den Fixsternhimmel nimmt man an, dafs im Durchschnitt die helleren Gestirne uns näher sind; und man darf bei den Sternschnuppen dieselbe Voraussetzung machen, wenn man sich auf solche Analogie stützen will. Wäre diese richtig, und dürfte man auf die grofsen Sprünge in den Zahlen für die 1^m von 1845—1850 einiges Gewicht legen, was vielleicht erlaubt ist, so würde man schliefsen dürfen, dafs in den verschiedenen Jahren die Hauptmasse der Meteore nicht immer in nahe gleicher Distanz an der Erde vorübergezogen sei. Es mufs aber nicht übersehen werden, dafs in meinen Beobachtungen überall der Laurentiusstrom einen sehr überwiegenden Einflufs auf fast alle numerischen Verhältnisse ausgeübt hat. In dem Abschnitte über „correspondirende Beobachtungen" werde ich nachweisen, dafs wenigstens alle seitherigen Messungen der Entfernungen das unerwartete Resultat liefern, dafs im Durchschnitt die Intensität der Meteore zu ihrer Entfernung, ungefähr im umgekehrten Verhältnisse stehe.

In Betreff des scheinbaren Durchmessers der Meteore kann ich nur wenig hinzufügen. Ich habe mit Ausnahme eines Falles nie Erscheinungen von der Gröfse des Mondes gesehen, glaube aber, dafs ein Beobachter von gehöriger Ruhe und vieljähriger Uebung in den meisten Fällen den Strahlennimbus, die etwaige Irradiation, von dem eigentlichen scheinbaren Durchmesser des Meteors leicht und sicher genug werde unterscheiden können.

Gewöhnlich habe ich die mit freiem Auge erkennbare Distanz der Nachbargestirne von ζ Ursae majoris, α Capricorni, ε Lyrae und ϑ Tauri als Maafsstab angenommen, um die Durchmesser einzelner Meteore zu schätzen. Sehr selten war der oft scharf begränzte und elliptisch abgerundete Meteorkörper mit solchen Distanzen zu vergleichen, und meistens zeigte sich das Schweiffragment hierzu besser geeignet. Scheinbare Durchmesser von 4—10 Bogenminuten sind schon ziemliche Seltenheiten. Bei einer Entfernung von 10 Meilen würde der wahre Durchmesser solcher Körper 266—664 par. Fufs betragen. Indessen scheint mir bei dem Mangel unserer Kenntnifs in so vielen Einzelheiten, welche diese Körper darbieten, ein Durchmesser von 2000 Fufs nicht auffallender als einer von 200 Fufs, um so mehr, da wir Nichts darüber wissen, wie sich die Volumina eines vermuthlich festen Kerns und einer ihn umgebenden brennenden oder glühenden gasartigen Umhüllung gegenseitig verhalten. — Bei den nebelartigen sehr lichtschwachen Meteoren habe ich erkennbare Durchmesser am deutlichsten und am häufigsten gesehen.

IV. Schweife.

Wegen der geringeren Sicherheit der Beobachtungen von 1842 lasse ich die Schweiferscheinungen dieses Jahres unberücksichtigt, und betrachte nur die Ergebnisse zwischen 1843 und 1850. Unter mehr als 4000 Meteoren zeigten gegen 500 mehr oder weniger deutliche Schweifspuren, und diese wurden in allen Monaten gesehen, namentlich aber im August in sehr überwiegender Anzahl beobachtet.

Unter	2151	weifsen	Meteoren	zeigte	sich der	Schweif	213	mal
-	589	gelben	-	-	-		159	-
-	213	gelbrothen	-	-	-		39	-
-	97	grünen	-	-	-		36	-
-	577	nebligen	-	-	-		8	-

Daraus folgt, dafs 0,099 oder ungefähr $\frac{1}{10}$ der weifsen
- 0,270 - $\frac{3}{11}$ der gelben
- 0,183 - $\frac{3}{16}$ der gelbrothen
- 0,371 - $\frac{3}{8}$ der grünen
- 0,014 - $\frac{1}{72}$ der nebligen Meteore

von Schweifen begleitet war. Die Schweife zeigten sich also am häufigsten bei den grünen, am seltensten bei den nebligen Meteoren.

In Rücksicht auf die scheinbare Gröfse (Glanz) finde ich

unter	566	Meteoren der	1sten	Gröfse	224	Geschweifte
-	711	- -	2ten	-	119	-
-	877	- -	3ten	-	69	-
-	868	- -	4 u. 5ten	-	26	-

Demnach war also

0,395	oder etwa	$\frac{2}{5}$	der Meteore	1ster	Gröfse
0,167	-	$\frac{1}{6}$	-	2ter	-
0,078	-	$\frac{1}{13}$	-	3ter	-
0,029	-	$\frac{1}{35}$	-	4 u. 5ter	- , geschweift.

Es hatten 342 Meteore der 1sten Gröfse, also über die Hälfte derselben, und zum Theil sehr glänzende Erscheinungen, gar keinen Schweif. Unter 711 Meteoren der 2ten Gröfse waren nur 119 geschweift. Hieraus folgt zur Genüge, dafs die Sichtbarkeit des Schweifes nur ganz im Allgemeinen vom Glanze des Meteores abhänge, und zugleich, dafs der Schweif kein subjectives Phänomen sei, was jetzt nur noch Diejenigen behaupten können, die niemals eigene Beobachtungen angestellt haben. Der lebhafte Eindruck auf das Auge, den das schnell vorüberfliegende helle Meteor zurückläfst, zeigt sich nicht am vielgestaltigen, oft eigen bewegten und besonders gefärbten Schweifphänomene, sondern darin, dafs wir in dem Meteor nicht einen einfachen leuchtenden Punkt in Bewegung, sondern ein leuchtendes Bahnstück erblicken, eine glänzende Linie, nach deren Verschwinden oftmals der Schweif erscheint. Der Schweif hat selten parallele Ränder, manchmal eine besondere Farbe, und äufserst selten erkennbare, und dann sehr merkwürdige Bewegungen. — Gewöhnlich ist der Schweif an seinen beiden Enden, namentlich am Anfange der Bahn, zugespitzt, und ist gegen den Punkt des Verlöschens hin, etwas breiter, zuweilen auch etwas heller. Ausnahmen mannigfaltiger Art sind sehr häufig. Der Schweif ist in einigen Fällen ganz gerade, mit deutlichem Durchmesser, und an seinen Rändern äufserst scharf begränzt; er ist in der Mitte breiter, oft so breit, dafs das Fragment eine elliptische Gestalt annimmt, zuweilen stellenweis abgebrochen, aus Stücken bestehend, die wiederum in der Mitte breiter, an den Enden zugespitzt erscheinen. Bei Weitem in den meisten Fällen zeigt das Schweiffragment keine Spur von Bewegung. Dafs solche aber, wenn auch äufserst selten, wirklich vorkömmt, und dann gewöhnlich in auffallender Weise, ist nicht zu bezweifeln. Schon vor längeren Jahren war man auf diese Erscheinung aufmerksam geworden [1]); mit Uebergehung der speciellen Beschreibung älterer Beobachtungen, werde ich hier ein Beispiel beschreiben, welches ich selbst unter sehr günstigen Umständen gesehen habe.

Am 21. October 1845 um Mitternacht, als ich bei sehr heiterem Himmel mit Herrn Prof. Argelander im Garten der Bonner Sternwarte, Vergleichungen über die Helligkeit verschiedener Fixsterne anstellte, leuchtete plötzlich ein rother Blitzschein auf, der die Nacht schwach erhellte. Wir sahen sogleich gegen das Zenith, woselbst eben das letzte gelbrothe Fragment eines von O.—W. durch den Perseus ziehenden bedeutenden Meteores erlosch. Zwei 5° lange, $\frac{1}{4}$° breite ganz gerade Schweifstücke blieben stehen, und von ihnen erlosch das östliche schon nach 10 Secunden. Aber höchst auffallend war das Verhalten des grofsen gelblichweifsen, in der Mitte breiteren Schweifstückes unter α Persei; nachdem es ungefähr 15 Secunden stark geleuchtet hatte, bemerkte zuerst Prof. Argelander, dafs es sich zu krümmen begann. Ich bemerkte dieselbe Erscheinung nicht nur mit Hülfe eines Opernglases, sondern auch mit freiem Auge auf das Deutlichste. Das Schweiffragment, am Ende der 1sten Minute der Sichtbarkeit schlangenförmig gekrümmt, hatte am Ende der 2ten Minute die Sichelform angenommen. Um $12^h 3^m$ bemerkte ich im kleinen Fernrohre, dafs an dem Punkte der stärksten Krümmung die Sichelgestalt des schon lichtschwächer

---

[1]) In Benzenbergs Schrift über Sternschnuppen ist solche Beobachtung von Brandes mitgetheilt worden. Eine andere fand ich gelegentlich in der Augsb. Zeitung, datirt von Wien 1840 Juli 30. $12^h 50'$, da man den $\frac{1}{4}$° breiten und 2° langen Schweif in Zeit von 15 Minuten sich zum Halbcirkel krümmen sah. Ferner findet man eine andere derartige Beobachtung in Bode's Jahrbuch für 1809 p. 91.

gewordenen Schweifstückes auseinanderging. Es trennte sich dann völlig in 2 kleine Nebelflecken, deren letzte Spur ich mit freiem Auge noch um $12^h\,3',5$ erkannte, mit dem Fernrohre aber um $12^h\,5^m$ erlöschen sah. In einer Zeit von etwas mehr als 4 Minuten hatte sich das Schweiffragment von α Perseï an abwärts, wenigstens um $\frac{1}{2}{}^0$ gegen den nördlichen Horizont gesenkt. Der Durchmesser der kleinen Nebelmassen war gewifs = 10 Bogenminuten.

Aehnliches habe ich bis jetzt nicht wieder gesehen, wohl aber am 5. October 1845 (Bilk) eine andere Erscheinung an dem Meteor 3^m N. 1700. meines Verzeichnisses. Die gelbliche, stark geschweifte Sternschnuppe sah ich 3^s lang im Adler, und bemerkte deutlich, wie der Schweif eine eigene Bewegung in der Richtung des vom Meteore durchlaufenen Weges hatte. Dem ganzen Eindruck nach hatte es aber den Anschein, als ob der Schweif seitwärts getrieben würde, indem er in seiner fortschreitenden Bewegung die mit der vom Meteor durchlaufenen scheinbaren Bahn, parallele Lage beibehielt. Bemerkenswerth ist noch die oft sehr lange Dauer der Sichtbarkeit von Meteorschweifen. Ich habe deren ziemlich oft gesehen, die erst nach 15—20 Secunden erloschen. Beispiele von noch längerer Dauer sind gar nicht so selten.

Es wäre sehr interessant, wenn es gelänge, die in seltenen Fällen lange sichtbar bleibende Schweifspur in einem lichtstarken Fernrohre von ziemlich starker Vergröfserung zu beobachten. Man würde im günstigsten Falle vielleicht entscheiden können, ob die durchschimmernden Sterne ihre scharfe Begränzung behalten, ob sie eine scintillirende Bewegung verrathen. Erwägt man die Fälle, in denen Meteorschweife 10—15 Minuten, ja 1 Stunde lang geleuchtet haben [1]), so scheint es nicht unmöglich,

[1]) Am 8. October 1803 sahen Horner und Krusenstern den Schweif einer Feuerkugel eine volle Stunde leuchten. Vergl. Reise um die Welt in den Jahren 1803—1806 vom Admiral Krusenstern, Th. I. cap. 3. p. 54. 2te Ausgabe. Berlin, 1811. Beobachtungen über merkwürdige Schweife von Meteoren finden sich ziemlich häufig. So sah Heis 1847 Dec. 8. einen Schweif 50 Secunden lang mit abwechselnd stärkerem und

dafs einst noch solche Beobachtung gelingen werde. Nicht weniger wichtig ist es, dafs geübte, mit dem Sternhimmel sehr vertraute Beobachter von verschiedenen Stationen aus die Krümmung und Bewegung von Schweifen grofser Meteore genau in die Charten eintragen, damit es möglich werde, auf dem Wege der Rechnung aus correspondirenden Beobachtungen die wahre Natur der Krümmung, die wahre Richtung der Bewegung im Raume, und vielleicht die Ursach beider zu erkennen.

Nehme ich alle Erscheinungen zusammen, und urtheile nach dem Eindrucke, den mir die Gestalt und die Art und Weise des Erlöschens der Schweiffragmente zurückgelassen hat, so scheint es mir, dafs wir in den Schweifen entweder das Residuum des ganzen, oder nur eines Theiles von dem durch Verbrennen aufgelösten Meteore erblicken. Dieser Ansicht steht vielleicht nicht Viel entgegen. Die Aerolithen sind uns gewissermafsen die Zeugen von der festen krystallinischen Materie der Feuermeteore, die in ihnen entweder fertig schon vorhanden ist, oder sich erst zur Zeit des Leuchtens ausbildet. Ihre fast immer rindenartig überzogene verbrannte Oberfläche deutet die Einwirkung an, die sie auf dem Wege bis zur Erde erlitten haben. So viel mir bekannt, sind alle Feuerkugeln, aus denen erweislich Steine herabgefallen sind, mit Getöse zerplatzt, oder wenigstens hat man Funkensprühen, oder sonstige Zeichen einer mehr oder weniger gewaltsamen Zerstörung gesehen; ob es aber möglich sei, dafs in der so kurzen Zeit des Brennens oder Glühens jene Phase einer vermutheten Metamorphose vor sich gehe, als deren Resultat wir das herabgestürzte Meteorfragment erblicken, scheint nach dem gegenwärtigen Standpunkte unsers Wissens kaum genügend beantwortet werden zu können. Nicht selten geschieht es, dafs zumal sehr helle, geschweifte oder ungeschweifte Meteore im Momente ihres Erlöschens, gewöhnlich dunkelrothe trübe Frag-

---

schwächerem Lichte; ferner 1847 Aug. 12. und 1846 Nov. 12. beide Male den Schweif einer Sternschnuppe geschlängelt. Selbst am Tage ist die Lichtspur grofser Feuermeteore gesehen worden. Vergl. Gehlers Wörterbuch B. 4. 1 F. p. 215. und Kosmos I. p. 393. Note 28.

mente einzeln oder in kleinen Gruppen fahren lassen, welche entweder genau in der Richtung der vorhin beschriebenen Bahn fortziehen, oder, in wenigen seltenen Fällen, eine Abweichung von dieser, einen kleineren Krümmungshalbmesser ihrer scheinbaren Bewegung zeigen, gleichsam als ob sie durch verminderte Wurfkraft eine geringere Geschwindigkeit angenommen hätten, vermöge welcher sie früher als sonst, sich in Folge der Anziehung der Erdmasse, herabsenken. Solche Fragmente erscheinen als verglimmende Schlacken, die oft mit nebelhaft dämmerndem Schimmer erlöschen. Am 19. Juli 1848 sah ich ein solches Fragment genau rückwärts, scheinbar gegen die Richtung des eben erloschenen grünen Meteores sich bewegen. Heis sah 1849 Oct. 30. aus einer grofsen Sternschnuppe 2 Fragmente in divergirender Richtung sich fortbewegen [1]).

Anomale Bewegungen.

Zwischen 1842 und 1850 wurden im Ganzen 174 Sternschnuppen von unregelmäfsiger Bewegung beobachtet. Ich fand in Rücksicht auf scheinbare Gröfse:

			(1^m)	(2^m)	(3^m)	(4^m)	(5^m)	(6^m)
1842.	Krumme	Bahnen	= 3	= 2	= 1	= 0	= 0	= 0
1843.	-	-	4	3	2	0	0	0
1844.	-	-	9	1	5	3	0	0
1845.	-	-	3	7	11	3	4	2
1846.	-	-	10	6	4	1	1	0
1847.	-	-	6	7	1	7	1	0
1848.	-	-	7	4	9	5	1	0
1849.	-	-	6	15	11	5	1	1
1850.	-	-	0	0	1	2	1	0
		Summe	48	45	45	26	9	3

Hiernach kann man rechnen, auf 100 gekrümmte Meteore:

etwa	27	von der	1sten	Gröfse
-	25	-	2ten	-
-	25	-	3ten	-
-	15	-	4ten	-
-	5	-	5ten	-
-	2	-	6ten	-

[1]) Briefliche Mittheilung. Vergl. Heis a. a. O. p. 30.

Es scheint also, dafs bei gröfserer Lichtentwicklung des Meteors auch die Anomalien der Bewegung häufiger vorkommen; doch ist hierbei nicht zu übersehen, dafs die Lichtschwäche der kleinern Sternschnuppen so feine Wahrnehmungen sehr beeinträchtigt. Werden die gekrümmten Bahnen in Rücksicht auf die Farbe des Meteors zusammengestellt, so zeigt sich Folgendes.

		Weifse	Gelbe	Gelbrothe	Grüne	Neblige
1842.	Krumme Bahnen	= 3	= 0	= 2	= 1	= 0
1843.	- -	1	2	4	2	0
1844.	- -	5	8	3	1	1
1845.	- -	11	5	7	1	6
1846.	- -	13	3	4	1	1
1847.	- -	11	5	2	1	3
1848.	- -	6	9	4	4	4
1849.	- -	17	15	5	2	1
1850.	- -	1	2	0	0	1
	Summe	68	49	31	13	17

Demnach kamen auf 100 gekrümmte Bahnen:

etwa 38 weifse Meteore.
- 28 gelbe -
- 17 gelbrothe -
- 7 grüne -
- 9 neblige -

Erwägt man aber, dafs nach der früheren Ermittelung im Durchschnitt unter 100 Meteoren etwa

62 weifse
15 gelbe
6 gelbrothe
3 grüne
15 neblige

vorkommen, so ist es auffallend genug zu sehen, wie häufig die anomalen Bewegungen mit den ausgesprochenen Farbenerscheinungen, Roth und Grün, vereinigt zu sein scheinen. Während sich bei Meteoren überhaupt, die Häufigkeit der grünen zu der der weifsen Farbe etwa wie 1 : 21 verhält, zeigt sich dies Verhältnifs bei den krummlinigt bewegten Sternschnuppen etwa wie 1 : 5, woraus folgt, dafs namentlich die lebhaft grünen Meteore sehr oft die unregelmäfsigen Bewegungen haben. Dieser Umstand scheint eine weitere Beachtung zu verdienen, weil er vermuthen läfst, dafs die Art und Weise des Verbrennungsprozesses, von welchem wir nur den Farbenunterschied wahrnehmen, einen erheblichen Einflufs auf die Bewegung ausüben könne. Es ist schwierig, ganz scharf die Gränzen zu bezeichnen, welche die Charakteristik der anomalen Bewegungen umschliefsen, weil man nicht in allen Fällen mit Sicherheit angeben kann, ob eine gesehene Unregelmäfsigkeit des Laufes reell war, oder von schnellen Variationen des Lichts herrührte. Defshalb fasse ich hier diese beiden Erscheinungen zusammen, und bemerke nur, dafs eine feinere Beobachtung sorgfältig zu scheiden habe, was der Bewegung selbst, oder dem Wechsel der Lichtintensität, oder der Farbe, zugehört. Im Allgemeinen offenbart sich die anomale Bewegung eines Meteors in einer merklichen Abweichung seiner scheinbaren Laufbahn von einem gröfsten Kreise, und sehr oft so, dafs sie einen kleinern Krümmungshalbmesser hat. Dieser Fall ist gar nicht so selten, und es gehören hierher die Meteore, welche einen gröfsern oder geringern scharfen Bogen beschreiben. Noch häufiger aber ist die auffallende Erscheinung einer wellenförmigen geschlängelten Bahn, in der zuweilen bemerkt wird, dafs kleine Seitenkrümmungen in den grofsen Hauptbiegungen der leuchtenden Bahn stattfinden. Am allermeisten habe ich diese Art der Bewegung bei grofsen grünen Meteoren gesehen, wobei ich aber wieder der Eigenthümlichkeit gedenken mufs, dafs ich an solchen keinen Schweif, oder nur eine unsichere Spur desselben bemerkte, während die von gewöhnlichen Bewegungen oft glänzende lange verweilende Lichtstreifen hinterliefsen. Nie habe ich gesehen, dafs ein Schweiffragment die Krümmungen des eben erloschenen Meteores zeigte. — Die dritte Form der unregelmäfsigen Bewegung, ist die, in welcher das Meteor Seitenbiegungen in scharfen Winkeln zu machen scheint, so dafs die Bahn sägenartig gezähnt ist; aber hier vermuthe ich, dafs dies Phänomen eher vom schnellen Lichtwechsel, von einem Scintilliren herrührt, das den Eindruck einer zackigen Bahn hervorrufen könnte, wenn zumal das Auge nicht sehr scharf ist. Zwar überzeugt man sich in den meisten Fällen leicht genug, dafs Licht- und Farbenwechsel, selbst ein völliges Erlöschen und plötzliches Wiederaufleuchten, in einer geradlinigten Bahn vor sich gehen, allein zuweilen bleibt man unsicher, und vermag nicht anzugeben, ob diese Erscheinung allein stattfand, oder das Meteor wirklich eine unregelmäfsige Bahn beschrieb.

Indem aber die anomalen Bewegungen alle möglichen Uebergänge zeigen, indem sie oft mit Lichtänderungen verbunden sind, oder in zweifelhaften Fällen, nur durch solche scheinbar hervorgerufen zu sein scheinen, ist es nicht nöthig, jede einzelne Eigenthümlichkeit besonders zu beschreiben, da Beispiele genug in den Jahrgängen von 1842—1851 vorkommen [1]). Es ist aber vielleicht nicht ohne Interesse, noch Etwas bei den abweichenden Bahnkrümmungen zu verweilen, um zu untersuchen, welche Ursachen dieselben hervorrufen können, und wie solche sich unter gewissen Umständen gestalten werden.

Nehmen wir an, dafs ein nicht allzuweit entferntes Meteor von bedeutendem Durchmesser nur an einem Theile seiner Oberfläche brenne, und dafs in der kurzen Zeit seiner Sichtbarkeit die ganze Masse zerstört werde, ohne dafs gleichzeitig der ganze Körper leuchtet, so wird scheinbar eine Unregelmäfsigkeit der Bewegung entstehen, weil die durch das Brennen sichtbar werdenden Theile des Meteors nach und nach eine andere Lage gegen die Richtung der an sich geradlinigten Bewegung einnehmen.

Für die regelmäfsigen Seitenbiegungen (Wellen-, Schlangenbewegungen) der Bahn, so wie für das regelmäfsige Intermittiren des Lichtes gewinnt man leicht eine Erklärung, wenn

---

[1]) Vergl. Rep. of the Roy. astr. Loc. 1849. Nov. 9. Vol. X. N. 1. wo Mr. Lowe bemerkt: Aug. 8., here is suddenly disappeared and re-appeared in about 1^s etc. worauf der auffallende Zusatz folgt: Sir John Lubbock suggests, that it mayhave passed through the shadow of the earth!

man annimmt, dafs das Meteor eine Rotation habe [1]. Setzen wir, dafs der Rotationsaequator eines kugelförmigen Meteors senkrecht gegen unsere Gesichtslinie stehe, so wird er den Umfang der Kugel bezeichnen, der eine Pol aber wird, uns zugewendet, den Mittelpunkt bilden. Ist nun in dem Aequator, oder ihm nahe, nur ein leuchtender Punkt, so mufs dieser, wenn das um seine Axe rotirende Meteor sich zugleich in einer geraden Linie fortbewegt, nothwendig am Himmel die Erscheinung einer regelmäfsigen Wellenlinie darbieten. Die Krümmungsradien der einzelnen Seitenbiegungen werden abnehmen, je weiter sich der leuchtende Punkt von dem Rotationsaequator gegen den Pol hin bewegt, sie werden Null, wenn der Punkt mit dem Pole zusammenfällt, d. h., wir sehen dann eine geradlinigte Bewegung. — Aendern wir aber die Lage jener rotirenden Kugel gegen unsre Gesichtslinie um 90°, versetzen wir die beiden Pole in den scheinbaren Umfang der Kugel, so geht jetzt die Ebene des Rotationsäquators durch das Auge des Beobachters, wozu wir fürs Erste aufserdem noch annehmen wollen, dafs die Axe senkrecht gegen die Bahn des Meteors stehe. Liegt nun ein leuchtender Punkt seiner sonst dunklen Oberfläche an einem der Pole, so resultirt scheinbar nur eine geradlinigte Bewegung; liegt er aber im Aequator, so wird er nach jeder halben Rotation verschwinden und wieder aufleuchten, und so die Erscheinung eines intermittirenden Lichtes darbieten. Ist die Rotation selbst nur constant, so wird das Zeitintervall zwischen dem Aufleuchten und Verschwinden dasselbe bleiben, gleichviel, ob der leuchtende Punkt genau im Aequator, oder etwas näher an einem der Pole liegt. Es läfst sich nun denken, dafs 2 Beobachter an verschiedenen Orten der Erde, ein rotirendes Meteor gleichzeitig erblicken in der Weise, dafs der Eine sich in der verlängerten Rotationsaxe, der Andere sich in dem erweiterten Rotationsaequator der Masse befindet. Liegt nun ein einziger leuchtender Punkt derselben im Aequator, so wird der erste Beobachter eine wellen-

[1]) Es ist dies eine schon früher von Heis geäufserte Ansicht.

förmig gekrümmte, der zweite aber eine geradlinigte Bahn erblicken, in der das Licht aussetzt und wiedererscheint. Solcher Fall ist wirklich von Heis in Aachen und mir in Bonn am 11. Nov. 1849 gesehen worden. Ich fand die Bahn eines schönen grünen und schweiflosen Meteors schlangenförmig gekrümmt, Heis sah sie geradlinigt, aus einzelnen leuchtenden Stücken mit dunklen Räumen dazwischen, zusammengesetzt. Diese Erklärung scheint sehr ausreichend; indessen mufs der Krümmungsradius der Oscillationen zu beiden Seiten der mittleren Bahnrichtung wie ich glaube, scheinbar doch wenigstens 3 bis 5 Bogenminuten betragen, wenn man eine unregelmäfsige Bewegung erkennen soll. Des ebenerwähnten Meteores Entfernung von Bonn konnte aus der correspondirenden Beobachtung recht genau berechnet werden. Setze ich diese = 13 geogr. Meilen, und die Bewegung des Meteors gegen die Gesichtslinie senkrecht, ferner in diese Linie die Verlängerung der Rotationsaxe, so ergiebt sich, da ich die Radien der Wellenbewegung zu $0^{\circ},5$ schätzte, der wahre Halbmesser des Meteors zu 2600 par. Fufs. Gesetzt aber auch, dafs die Schätzung von $\frac{1}{2}^{\circ}$ übertrieben war, so will ich nur $5'$ annehmen, und es resultirt immer noch ein sehr grofser wahrer Durchmesser von einigen hundert Fufsen, der nach Allem, was wir bis jetzt von Sternschnuppen und soliden Meteormassen wissen, wenig wahrscheinlich ist. Zieht man nun noch die so sehr häufigen ganz regellosen Bewegungen in Betracht, so müfste man eine stete Veränderung der Lage der Rotationsaxe annehmen, wenn man die Rotation des Meteors zur Erklärung seiner anomalen Bewegung anwenden will. Die Vielheit der Erscheinungen, die zeitweilige Verbindung von regelmäfsigen und dann schnell geänderten Bewegungen bei einem und demselben Meteore, würde jene Erklärung nur dann zulässig machen, wenn man obenein noch eine fortwährende, durch den Verbrennungsprozefs bedingte Volumveränderung des Meteors supponiren wollte. Man trifft aber bei allen diesen Erklärungsversuchen auf gröfsere oder geringere Schwierigkeiten, und über die durch Beobachtungen selbst gegebenen Andeutungen beträchtlich hinauszugehen, sich in ein

Gebiet von weniger begründeten Muthmaſsungen zu begeben, kann dem Zwecke dieser Mittheilungen nicht entsprechend erscheinen.

Man hat schon früher die Atmosphäre der Erde, die Widerstandsfähigkeit der Luft in Betracht gezogen, um die sprungweis rikoschettirende Bewegung von einigen groſsen Feuerkugeln zu erklären. Könnte man überall nachweisen, daſs solche Meteore sich in Regionen (leuchtend) bewegten, wo Luft von genügender Dichtigkeit wirklich vorhanden war, so würde man bei gegebener Geschwindigkeit auch annähernd die Wirkung des Luftwiderstandes, und im Allgemeinen die unregelmäſsige vom Meteore beschriebene Curve zu berechnen im Stande sein, welche Rechnung indessen wohl schwerlich ohne einige willkührliche Voraussetzungen durchzuführen sein möchte. Auch die Annahme von momentanen partiellen Explosionen in der stark erhitzten Meteormasse ist zur Erklärung der Seitenbewegungen des Meteors benutzt worden. Es bleibt indessen noch ein anderer Fall zu betrachten übrig, auf welchen mich zuerst Herr Observator Fearnley aus Christiania aufmerksam gemacht hat, indem er von Schuſsversuchen mit Kanonenkugeln von excentrischem Schwerpunkte sprach, die von den Artillerie-Officieren in Christiania angestellt wurden. Um das Resultat dieser Versuche zu erfahren, wandte ich mich durch Herrn Fearnley an den Herrn Prof. Hansteen, welcher die Güte hatte, nicht nur eine vollständige Beschreibung seiner eigenen Wahrnehmung über die Bewegungen solcher Kugeln, sondern auſserdem noch die Beobachtung eines am Tage gesehenen geschlängelten Meteores, mitzutheilen. Dem Herrn Observator Fearnley verdanke ich die genaue Uebersetzung der Note Hansteens aus dem Norwegischen ins Deutsche, die hier wörtlich folgt: „Im „„Magazin for Naturvidenskaberne"" B. II. p. 314. ist unter dem Titel: Sternschnuppe bei Tage" folgende Beobachtung von mir angeführt: „Am 13. August 1823 11¼ Uhr Vormittags, als ich mit Messungen der Zenithdistanz des Polarsterns beschäftigt war, bewegte sich durch das etwa 45 Minuten fassende Feld des Fernrohrs am Universalinstrumente ein leuchtender Körper, dessen Glanz viel stärker als der des

Polarsterns war; seine scheinbare Bewegung vertical von unten aufwärts; da aber das Fernrohr die Bilder umkehrt, so war die wirkliche Bewegung wie die eines jeden fallenden Körpers von oben nach unten. Er durchlief das Feld des Fernrohrs in einer Zeit von etwa 1 bis $1\frac{1}{2}$ Secunden, und die Bewegung war weder völlig gleichförmig noch geradlinigt, sondern hatte vollkommene Aehnlichkeit mit der ungleichförmigen und etwas schlängelnden Bewegung, die eine aufsteigende Rakete wegen des ungleichen Abbrennens des Satzes und der ungleichen Reaction des entwickelten Gasstromes gegen die atmosphärische Luft erhält. Es war somit deutlich, dafs diese Sternschnuppe sich in unserer Atmosphäre bewegte. Sie mufste aber eine beträchtliche Höhe gehabt haben, da die Winkelbewegung sich so langsam zeigte. Dies ist vielleicht der einzige Fall, in welchem eine Sternschnuppe zur Mittagszeit im hellen Sonnenscheine gesehen wurde. Nimmt man den wahren Durchmesser dieses Körpers = 1 Fufs an, den scheinbaren = 1 Bogensecunde, die Zeit, in welcher er einen Bogen von 45 Minuten durchlief = 1 Zeitsecunde, ferner die Bewegung als senkrecht auf die Axe des Fernrohrs, was kaum der Fall war, so folgt, da die eine Minute früher abgelesene Zenithdistanz des Polarsterns = $30^0\,48'\,36''$ war, die Entfernung des Körpers vom Beobachter = 206267 Fufs, die senkrechte Höhe über dem Horizonte = 177146 Fufs, die Geschwindigkeit im Minimo = 2700 Fufs. Wäre der wahre Durchmesser n mal gröfser, so würden diese Zahlen in demselben Verhältnisse zu vergröfsern sein.

Schüsse mit excentrischen Kugeln. Diese Kugeln wurden auf folgende Weise verfertigt. In der Form war ein Thonkügelchen c an einem kleinen Stabe angebracht. Nachdem die Eisenkugel gegossen war, wurde der Thon durch die vom Stabe gebildete Oeffnung herausgeschabt, und dann die Oeffnung mit einem Eisenpfropfen verschlossen. Der Radius der grofsen Kugel sei = 1, der der Thonkugel $c = \varrho$, der Abstand beider Centra $bc = a$; die Entfernung des Schwerpunktes der Masse g vom Mittelpunkte der Eisenkugel b also $bg = x$, so ist in der Richtung von b nach c gerechnet:

$$x = -\frac{\varrho^3 a}{1-\varrho^3}$$

wonach x berechnet werden kann, wenn ϱ gegeben ist. Seine äufsersten Gränzen sind $= o$ und $= \frac{1}{8}$.

Experiment. An dem Eisenpfropfen, durch welchen die Oeffnung verschlossen war, erkannte man die Lage des Durchmessers, in welchem der Schwerpunkt lag. Dieser Durchmesser wurde während der Schufsversuche sowohl horizontal als vertical gelegt, so dafs der Schwerpunkt bald rechts bald links, bald nach oben, bald nach unten gekehrt war. Hinter der Kanone wurde ein 2füfs. Fraunhofer auf ein Statif gestellt gegen das Ziel hin, worauf das Geschütz gerichtet war. Durch diese Anordnung hatte man die Bequemlichkeit, dafs die Kugeln fast in ihrer ganzen Bahn das Feld des Fernrohrs nicht verliefsen, und dafs man sie mit vollkommener Deutlichkeit verfolgen konnte. Damit der durch den Schufs sich entwickelnde Pulverdampf der Sichtbarkeit der Kugel nicht hinderlich würde, mufste das Statif doch ein wenig links von der Richtung der Schufslinie gestellt werden.

1. Als der erste Schufs losging, sah ich einen schwarzen Körper im Gesichtsfelde mit undulirender Bewegung fliegen, so ganz dem Sinken und Steigen ähnlich, wie es durch die Flügelschläge eines Vogels hervorgebracht wird, ja, ich bildete mir fest ein, die Flügelschläge zu sehen, so dafs ich den Artillerie-Officieren hartnäckig erklärte, Nichts anderes als einen schwarzen Vogel, entweder einen Raben oder eine Krähe gesehen zu haben. Sie erwiederten lachend, dafs es die Kugel gewesen sei. Beim 2ten und 3ten Schusse sah ich wiederum denselben Vogel genau im Augenblicke nach dem Knalle, und mufste dann nolens volens gestehen, dafs sie Recht hätten.

2. Wenn der Schwerpunkt in der Verticallinie unter dem Mittelpunkte lag, fand sich die mittlere Schufsweite merklich kürzer als mit soliden Kugeln von demselben Kaliber unter derselben Ladung und Elevation; die Abweichung der einzelnen Schüsse von der mittleren Schufsweite aber etwas kleiner als mit soliden Kugeln.

3. Wenn der Schwerpunkt in der Verticallinie über dem Mittelpunkte lag, fielen die Schufsweiten bedeutend gröfser als mit soliden Kugeln aus. Die Schufsdifferenzen waren enorm, und stiegen, wenn ich mich recht besinne, auf 1000 Ellen und darüber.

4. Wenn der Mittelpunkt mit dem Schwerpunkte horizontal, und Letzterer vom hinteren Theile der Kanone gesehen, rechts lag, wich die Kugel von der Ziellinie beträchtlich rechts ab. Lag der Schwerpunkt links, so wich auch die Kugel links ab.

Wenn der Schwerpunkt über dem Mittelpunkte lag, behaupteten die Artilleristen gesehen zu haben, dafs die Kugel gegen das Ende der Bahn plötzlich einen Sprung aufwärts machte. In wiefern dies richtig ist, darf ich nicht entscheiden, da ich es nicht bemerkt habe, und die Artilleristen nicht durchs Fernrohr, sondern mit unbewaffnetem Auge die Bahn verfolgten.

Die angeführten 4 factischen Umstände glaube ich folgendermafsen erklären zu können. Ich will annehmen, dafs *ab* derjenige Durchmesser der Kugel sei, der durch den Schwerpunkt g geht, dafs dieser Durchmesser in der durch die Axe des Kanonenlaufs

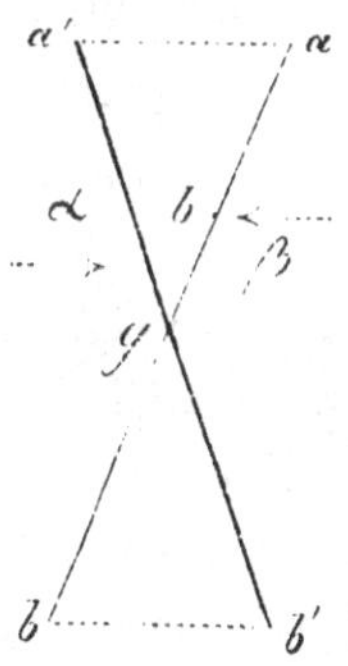

gelegten Verticalebene liegt, und dafs die Kugel in der durch den Pfeil α angegebenen, mit dem Kanonenlaufe parallelen Richtung ausgeschossen werde. Die Resultante des Luftwiderstandes β wird gegen den Mittelpunkt der Kugel b gerichtet sein, und zwar parallel der Richtung α, worin sich der Schwerpunkt bewegt. Betrachtet man das Product der Masse in die Geschwindigkeit der Kugel als Resultante einer bewegenden Kraft, so können diese beiden parallelen aber nicht in derselben Linie wirkenden Kräfte (α und β) nicht zu einer Resultante zusammengesetzt werden, sondern müssen in dem Augenblicke, da die Kugel die Mündung der Kanone verläfst, eine Rotation um eine durch den Schwerpunkt g gehende auf die Bahn senkrechte, horizontale Axe erzeugen. Diese Rotation wirkt in der

Richtung $aa'\,bb'$. Während der Punkt a den ersten Quadranten durchläuft, liegt β über α, im 2ten und 3ten unter, im 4ten wieder über α. Diese excentrische Rotation mufs nothwendig einen andern Luftwiderstand hervorbringen, dessen Resultante in 2 Theile zerlegt werden kann, in eine, parallel zur Tangente der Bahn, und in eine darauf Senkrechte. Beide können in den verschiedenen Quadranten bald positive, bald negative Werthe haben, d. h. den Widerstand β bald vergröfsern, bald verkleinern, und in der Richtung des Krümmungsradius der Bahn bald gegen das Centrum hin, bald von ihm ab, wirken. Vor der Kugel wird die Luft bedeutend comprimirt, hinter derselben entsteht, wenn die Geschwindigkeit sehr grofs ist, ein luftleerer Raum, später sehr verdünnte Luft, die der Rotation wenig oder gar nicht hinderlich ist. Hiernach scheint es nun ohne allen Calcul klar, dafs der Theil des Luftwiderstandes, der von der Rotation abhängt, und mit dem Krümmungshalbmesser der Bahn parallel ist, wenn der Punkt a den letzten Theil des zweiten, den ganzen dritten, und ein Stück vom vierten Quadranten durchläuft, in der Richtung gegen das Krümmungscentrum hin wirken, und demnach den Schwerpunkt herunterzwingen mufs, während er so gut wie verschwindet, indem sich a durch das letzte Stück des vierten, den ganzen ersten, und einen Theil des zweiten Quadranten bewegt. Im dritten und in einem Theile des vierten Quadranten wird dieser Widerstand gegen die Rotation wirken, kann sie aber nicht ganz aufheben; denn da die Geschwindigkeit der Kugel wegen des Widerstandes der Luft sehr schnell abnimmt, mithin auch die Compression der Luft vor der Kugel, so kann er die Rotation nur vermindern, die aber bei der zweiten Drehung am Ende des vierten Quadranten und während des ganzen ersten Quadranten einen neuen Zuwachs erhält. Man kann ag etwa als die Schaufel eines Rades betrachten, die sich um eine horizontale Axe dreht, und im ersten und zweiten Quadranten einen leeren, oder mit sehr verdünnter Luft erfüllten Raum, im dritten und vierten Quadranten aber ein dichteres Medium durchläuft.

Es ist klar, dafs jede halbe Revolution eine undulirende Bewegung des Schwerpunktes der Kugel erzeugen mufs, und man würde die Rotationsdauer aus der Zeit schliefsen können, welche ich, so fern ich den Eindruck bewahrt habe, auf $\frac{1}{4}$ bis $\frac{1}{8}$ Secunde schätzen möchte. Liegt der Schwerpunkt über dem Mittelpunkt *b*, so geht die Rotation im entgegengesetzten Sinne vor sich, und bei jeder Revolution über die regelmäfsige Bahn erhaben, die eine concentrische Kugel gehabt haben würde. Liegt der Durchmesser *ab* horizontal, so ist die Rotationsaxe vertical, und die Rotation wird rechts oder links werden, je nachdem *g* rechts oder links von *b* liegt. Im ersten Falle wird die Kugel rechts, im zweiten Falle links von der Ziellinie abweichen.

Diese Folgerungen, deren Richtigkeit eine strenge Analyse entscheiden könnte, scheinen also mit den Schufsversuchen vollkommen übereinzustimmen, und da die Bewegungen der Kugeln durchs Fernrohr betrachtet, mit den Ungleichförmigkeiten in der Bewegung jener Sternschnuppe, die ich am 13. August 1823 im Fernrohr des Reichenbachschen Universalinstrumentes sah, eine frappante Aehnlichkeit hatten, so scheint mir Herrn Fearnley's Hypothese von der Ursache sehr plausibel." — So weit Herrn Prof. Hansteen's Mittheilung. — Diese werthvollen Bemerkungen vermindern einen grofsen Theil der Schwierigkeiten, welche sich der Erklärung der anomalen Bewegungen der Meteore entgegenstellen. Sie erklären im Allgemeinen zwar nur regelmäfsige Seitenkrümmungen in der Meteorbahn, die durch die Rotation eines Körpers von excentrischem Schwerpunkte bedingt werden, und unter der Annahme, dafs wirklich Luft genug vorhanden sei, um den nöthigen Widerstand zu leisten, von dem oben die Rede war. Es läfst sich aber jener Erklärung noch Manches abgewinnen, wenn wir vorläufig noch bei der Annahme stehen bleiben, dafs in dem von dem Meteore durchlaufenen Raume „Luft von genügender Dichtigkeit vorhanden sei." Die Bewegung einer im freien Weltraum befindlichen Meteormasse, ist den bekannten Gesetzen der Schwere, der Anziehung unterworfen; ist sie weit von jeglichem Planeten entfernt, so beschreibt sie nach den Keplerschen Gesetzen eine bekannte Curve, in deren einem Brennpunkte die Sonne steht. Nähert sich das Meteor einem Planeten, so wird seine Bahn nach Maſsgabe der verminderten Distanz und jener störenden Masse verändert, und gelangt es in die unmittelbare Nähe eines Planeten, so kann seine Bahn so verändert werden, daſs es mit seiner räumlichen Endgeschwindigkeit auf die anziehende Masse herabstürzt. Gesetzt, ein Meteor bewege sich in einer Ellipse um die Sonne, dessen halbe groſse Axe nahe = 1, d. h., welche etwa gleich der mittleren Entfernung der Sonne von der Erde ist; in irgend einem Theile seiner Bahn nähert es sich der Erde. Lange Zeit vorher, ehe es diese erreicht, ist seine Bahn durch die störende Kraft der Erde mehr und mehr verändert worden, und in dem Momente, da wir seine leuchtende Spur am Himmel erblicken, sehen wir nicht mehr die Projection eines Theils seiner wahren, himmlischen Bahn, sondern nur das Stück, welches in Bezug auf Richtung und Krümmungshalbmesser, von der Anziehung der Erde bereits ungemein stark umgestaltet worden ist. Da nun aber alle Meteore, die wir noch sehen können, der Erde sehr nahe kommen, so folgt, daſs wir von Keinem die wahre Bahn, sondern nur ein kleines Stück der Projection seines durch Anziehung veränderten Weges, beobachten. Indem aber, wie bekannt, die Intensität der Störung (bei gleichbleibenden Massen) nur von der Distanz abhängt, diese aber sich nach bestimmten Gesetzen allmälig, nicht sprungweis ändert, so folgt ferner nothwendig, daſs die planetare Störung für sich betrachtet, durchaus nicht im Stande ist, die oben besprochenen normalen Bewegungen des Meteors zu erklären. Betrachten wir aber den weitern Weg der Sternschnuppe; sie hat sich der Erde bereits so weit genähert, daſs sie die äuſsersten Theile ihrer Atmosphäre berührt, und nehmen nun an, daſs der Schwerpunkt ihrer Masse nicht mit dem Mittelpunkt derselben zusammenfalle, so wird der Widerstand der Luft wegen der enormen Raumgeschwindigkeit des Meteors bald so stark werden, daſs er eine Rotation desselben hervorruft. Der Widerstand nimmt zu, je tiefer sich das Meteor in die dichteren Schichten der Luft hinabsenkt; Rotation und Geschwindigkeit werden verändert, und durch die Veränderung der Letztern wiederum der Widerstand der Luft auf beide. So entsteht nicht nur eine anomale Bewegung, sondern diese ist in sich wieder veränderlich, aber continuirlich, nicht sprungweis, nicht völlig regellos, und man wird unwillkührlich an einzelne Erscheinungen erinnert, in denen das Meteor sich anfangs in geringen, gegen das Ende seiner sehr glänzenden Bahn aber in sehr starken Wellenschwingungen bewegte, bis es plötzlich erlosch. Jetzt sind nur noch die völlig regellosen Bewegungen zu betrachten übrig; auch sie sind zu erklären, wenn wir die obigen Voraussetzungen beibehalten. Das Meteor gelangt in die Atmosphäre der Erde, und fängt an zu glühen oder zu brennen. In Folge der erwähnten Bedingungen beginnt seine Rotation. Der Verbrennungsprozeſs nimmt zu, je dichtere Luftschichten durchlaufen werden, und da höchstwahrscheinlich mit ihm, doch wenigstens irgend welche Volumveränderung verbunden ist, da die Masse selbst verändert (verringert) werden kann, so erfolgt hier eine Complication von Bewegungen, welche jede r e g u l ä r e n Seitenbewegungen des Meteorkörpers unmöglich machen muſs. Unter solchen Umständen würden wir also eine Sternschnuppe erblicken, die eine ganz regellose Bahn, und (wie es in der That der Fall ist) meistens dazu noch groſsen Licht- und Farbenwechsel zeigt. Obgleich man nun als genügend erwiesen annehmen kann, daſs die meisten Meteore sich in Abständen von der Erdoberfläche (leuchtend) bewegen, wo noch Luft vorhanden ist, deren Spur das Crepuscularphänomen uns andeutet, so ist eben so gewiſs, daſs, wenn man namentlich die weiter unten zu besprechenden t e l e s c o p i s c h e n Meteore mit in Betracht zieht, Viele die bis jetzt bekannten oder vielmehr angenommenen Gränzen unserer Atmosphäre überschreiten, und dennoch leuchten, ja selbst, wie es scheint, mitunter sich unregelmäſsig bewegen. Hier erheben sich neue Schwierigkeiten, die vielleicht einst beseitigt werden können, wenn es gelingt, auf dem Wege eines sichern, von Voraussetzungen möglichst freien Calcüls darzuthun, dafs der vermuthete, den Himmelraum erfüllende sogenannte Aether im Stande sei, gegen die Bahnbewegung und excentrische Rotation eines Meteores genügenden Widerstand zu leisten.

Bemerkungen über das Leuchten und Detoniren der Meteore.

Betrachtet man die Lufterscheinungen der Meteore als bedingt durch den Sauerstoffgehalt unserer Atmosphäre, so sollte man schliefsen, dafs bei geringen senkrechten Höhen das Leuchten im Allgemeinen intensiver sein müfste. Luft ist ferner nöthig als Träger des Schalles; detonirende Meteore müssen da zerplatzen, wo noch genug Luft vorhanden ist, um das Schallphänomen möglich zu machen. So einfach diese Bedingungen erscheinen, so schwierig sind sie mit den seitherigen Resultaten der Beobachtungen zu vereinigen. Betrachtet man anderseits das Leuchten als unabhängig von der Atmosphäre der Erde, so mufs doch angenommen werden, dafs im Allgemeinen die hellern Sternschnuppen die Näheren sind, eine Annahme, die gewifs auch in der Astronomie ihre volle Gültigkeit hat, wenn man im Mittel die hellen Fixsterne für nahe, die schwächern aber für entfernter hält; denn, dafs eine Ausnahme stattfindet, indem die Bestimmungen der Parallaxen einen telescopischen Doppelstern wie 61 Cygni als nahen, einen Stern erster Gröfse aber, wie α Lyrae als entfernteren bezeichnen, kann die allgemeine Regel nicht erschüttern. Während bei den Fixsternen die meist unermefsliche Entfernung die directe Untersuchung sehr erschwert oder meist unmöglich macht, treffen wir in der verwandten, auf die Sternschnuppen bezüglichen Frage auf ein sehr wenig bebautes Feld, und auf durchschnittlich wenig sichere Angaben. Wenn es aber wahr ist, dafs ein sehr grofser Theil ehemaliger Hypothesen über die Natur der Meteore sich gestützt hat auf Angaben über Höhen, Entfernungen und Geschwindigkeiten, die, wenn auch gewöhnlich unsicher, von Einigen sehr mit Unrecht als ganz unzuverlässig angesehen wurden, so darf ich mir wohl erlauben, alle Höhenbestimmungen über Sternschnuppen, die wirklich auf correspondirenden Beobachtungen beruhen, so weit ich solche gegenwärtig zur Hand habe, einer kurzen Prüfung zu unterwerfen, die zeigen kann, dafs die Hypothese über den Einflufs der atmosphärischen Luft auf die Intensität, auf das Leuchten der Meteore eben so wenig bestätigt wird, als die Annahme, dafs die Lichtstärke im Allgemeinen nur von der Entfernung abhänge. Ich nehme die Zahlenangaben ganz wie sie sind, und schliefse nur die Höhen aus, welche an sich enorm, wegen Kleinheit der Parallaxen kein Zutrauen verdienen können. Aus correspondirenden Beobachtungen an 2 Stationen findet man die senkrechten Anfangs- und Endhöhen der Meteore h und h'; ich setze aber hier nur die mittlere Höhe der leuchtenden Bahn über der Erdoberfläche $\frac{h+h'}{2}$, und füge die von den Beobachtern gemachten Gröfsenschätzungen bei. Die von Brandes ausgeführten Berechnungen der durch ihn veranlafsten correspondirenden Beobachtungen [1]) ergeben dann Folgendes:

Meteore	1ster Gröfse	mittlere Höhe =	14,5 Meilen	8 Beob.
-	2ter -	-	16,5 -	10 -
-	3ter -	-	11,4 -	17 -
-	4ter - u. Kleinere	-	8,6 -	18 -

Untersuche ich die von Heis in Aachen und mir in Bonn beobachteten Meteore, so ergiebt sich:

Meteore	1ster Gröfse	mittlere Höhe =	18,5 Meilen	6 Beob.
-	2ter -	-	15,3 -	10 -
-	3ter -	-	9,7 -	7 -
-	4ter - u. Kleinere	-	7,6 -	3 -

Mit Rücksicht auf die Anzahl der Beobachtungen findet man endlich:

[1]) Brandes, Unterhaltungen für Freunde der Physik und Astronomie. Leipzig, 1829.

Meteore 1ster Gröfse	mittlere Höhe =	16,2 Meilen	14 Beob.
- 2ter -	-	15,9 -	20 -
- 3ter -	-	10,8 -	24 -
- 4ter - u. Kleinere	-	8,5 -	21 -

Hält man sich streng an das gegebene Material, und an möglichst sichere Daten, als welche ich besonders die rheinischen Beobachtungen von 1848—1850 bezeichne, so folgt in Betreff der Ursache des Glühens der Meteore das directe Gegentheil von dem, was man erwarten sollte, und zum Theil geäufsert hat. Hier erscheinen merkwürdig genug aus beiden Beobachtungsreihen die hellen Meteore in der doppelten Höhe der lichtschwachen, und man wird nothwendig, schon in Betracht der sehr grofsen durchschnittlichen Höhe, daran erinnert, dafs möglicher Weise die Atmosphäre allein es nicht ist, welche das Leuchten (Glühen) der Meteore bedingt. Die schwierige Lösung der Frage nach der wahren Ursache der mitunter so aufserordentlichen Intensität sehr entfernter Meteore, scheint bei unsern gegenwärtigen Kenntnissen von diesen Körpern, und der Extension und den Eigenschaften unserer Atmosphäre, nicht genügend ausgesprochen werden zu können [1]). Da nun aber detonirende Meteore meist oder immer ein sehr starkes Licht entwickelt haben, und man bei sehr lichtschwachen derartigen Erscheinungen wenigstens mit Sicherheit keinen Schall gehört hat, so stellt sich als eben so auffallendes Resultat heraus, dafs die zum Theil so grofsartigen, mit vernehmbarem Getöse verbundenen Explosionen, in grofsen Höhen stattgefunden haben, wo in der That die Bedingungen zu fehlen scheinen, welche den Schall möglich machen, und ihn zur Erde in solcher Intensität fortpflanzen.

Sonach finden wir abermals auch nach diesen Betrachtungen, dafs wir wohl im Allgemeinen den Hergang des Sternschnuppen- oder Meteorphänomens, die Höhen, die Geschwindigkeiten kennen, dafs aber die alten Fragen, welche sich auf das Wesen der räthselhaften Körper beziehen, immer noch unbeantwortet bleiben,

[1]) Vgl. Kosmos I. p. 397. Note 33.

und bei dem heutigen Stande der Wissenschaft wird man nicht verkennen, wie sehr es nöthig sei, neue Beobachtungen nach richtigen, und anderweitig geprüften Grundsätzen anzustellen. Einseitiges Verfolgen gewisser Einzelheiten führt auch nur zu einseitigen Resultaten, und es hängt nur von der Erfahrung und der Tüchtigkeit des Beobachters ab, in einer umfassenden Behandlung des Gegenstandes, seine Zeit weder zu zersplittern, noch der Vielseitigkeit desselben zu unterliegen.

In den so reichhaltigen und interessanten „Briefen" von G. Bischoff ist die Ansicht ausgesprochen, dafs die Detonationen durch plötzliche Erkaltung des glühenden Meteors bedingt sein können. Der freie Weltraum hat muthmafslich eine sehr niedrige Temperatur von wenigstens -46^0 R, und ist sonach wohl im Stande eine sehr schleunige Erkaltung des Meteors zu bewirken, wenn dieses aus irgend einer Ursache zu erlöschen beginnt. Allein die Schwierigkeit bleibt dieselbe, indem ein Medium vorhanden sein mufs, welches den Schall in so grofsen Höhen möglich macht, und ihn uns in so bedeutender zum Theil aufserordentlicher Intensität zuführt. Könnte man nachweisen, dafs alle grofsen Feuerkugeln erst am Ende ihrer Bahn in den tiefern Regionen der Atmosphäre zerplatzt seien, so hat eine grofse Detonation nichts Auffallendes mehr. Messungen haben darüber bis jetzt nicht mit genügender Bestimmtheit entscheiden können; aber die sehr ansehnlichen Höhen solcher Körper sind dann nicht zu bezweifeln, wenn ihre leuchtenden Bahnen über Länderstrecken von bedeutender Ausdehnung gesehen wurden. Mag immerhin eine Feuerkugel in sehr geringer Höhe über der Erde zerplatzt sein, jedenfalls verräth sich in ihrer Explosion oft eine Kraft, welche meilenweit den Boden und die Gebäude erzittern macht; eine Wirkung, welche die gewaltigste electrische Entladung des Gewitters nicht erreicht. In solcher Weise war die Erschütterung des rollenden Krachens, welches nach der Explosion des grofsen Meteors vom 8. Januar 1850 in weiter Umgegend von Bonn gehört wurde [1]).

[1]) Vergl. Poggendorfs Annal. v. 1851, woselbst ich Nachricht von dieser Erscheinung gegeben habe.

Es liegt in dem Umstande, dafs ein Meteor dann erlöscht, wenn es der Erde am nächsten ist, oder nach anderer Ansicht, wenn es sich am tiefsten in die Atmosphäre hinabgesenkt hat, ein scheinbarer Widerspruch, indem die Compression der Luft, welche Anfangs das Leuchten bewirkte, am Ende der Bahn sein Aufhören hervorgerufen haben müfste. Erwägt man aber, dafs, wie es die fast immer beobachtete Lichtzunahme des Meteors gegen das Ende seines Laufes hin andeutet, der Procefs des Glühens oder Verbrennens mehr und mehr zunimmt, so mufs bald ein Moment eintreten, wo das Material des Leuchtens verzehrt, oder der ganze Meteorkörper völlig zerstört ist. Wir sehen ihn dann erlöschen, wenn er der Erde am nächsten ist. Es ist noch ein anderer Fall denkbar. Ein Meteor kann in grofser Höhe lautlos zerplatzen; in Folge der Explosion fliegen die Trümmer, oft als dunkelrothe Fragmente beobachtet, weiter, senken sich in die Atmosphäre, und können dort, wenn sie sich noch im glühenden Zustande befinden, durch schnelle Erkaltung einen hörbaren Ton bewirken.

Oft sieht man den Schweif einer Sternschnuppe an beiden Enden zugespitzt, und selbst in den Fällen, wenn eine Reihe von kurzen, durch dunkle Zwischenräume getrennten Schweiffragmenten stehen blieb, habe ich die auffallende Erscheinung wahrgenommen. Da nun bei Weitem die meisten Meteore am Ende ihrer Bahn das Maximum ihres Lichtes erreichen, so ist es sonderbar, dafs gerade an dieser Stelle der nachbleibende Schweif zugespitzt und lichtschwach erscheint. Gewöhnlich fängt die Sternschnuppe mit geringem Glanze zu leuchten an, und betrachtet man den Schweif als zusammengesetzt aus Theilen der durch Verbrennung abgesonderten Meteormasse, so ist es natürlich, dafs derselbe an seinem Anfange lichtschwach und schmal erscheint. So wie das Glühen im weitern Verlaufe der Bahn zunimmt, vermehrt sich auch die zurückbleibende Schweifmaterie, und es wäre denkbar, dafs durch die zunehmende Wärmeentwicklung eine momentane Volumvergröfserung bis zu der Gränze hin stattfindet, wo der gleichzeitig wachsende Verbrennungs-(Zerstörungs)prozefs wieder anfängt, das Volumen zu verkleinern.

Daraus würde sich die oben erwähnte an beiden Enden zugespitzte Gestalt der Schweife oder ihrer Fragmente erklären lassen. In den verschiedenen Querschnitten des Schweifs erblickten wir sodann die verschiedenen Durchmesser des Meteorkörpers während der Zeit, dafs er leuchtend seine Bahn durchlief.

Ueber die Sicherheit der Bestimmungen des Anfangs- und Endpunktes der scheinbaren Meteorbahnen.

In den astr. Nachr. Nr. 380. 381. hat Bessel auf die Fehler aufmerksam gemacht, welche mangelhaft beobachtete Positionen auf das Endresultat, auf die Höhe oder Entfernung des Meteores, ausüben können. Bessels Methode entwickelt den Einflufs eines Beobachtungsfehlers ε auf die Lage und Gröfse des gesehenen Bahnstückes, und zwar so, dafs angenommen wird, ein Fehler ε wirke im Maximo, in dem alle Einflüsse, die von ihm herrühren, sich summirend, nach einer Richtung hin ihre entstellende, die Wahrheit beeinträchtigende Wirkung ausüben. Wenn es möglich wäre, Zahlen für je 2 Beobachter zu finden, welche den mittleren oder wahrscheinlichen Fehler ihrer die Meteorbahnen betreffenden Ortsbestimmungen ausdrückten, so würde man im Stande sein, die ungefähre Gränze der gröfstmöglichen Unsicherheit des Resultats aus correspondirenden Beobachtungen, numerisch anzugeben. Bessel setzt, nach Feldts Erfahrungen, die Gränze zu 1° an, bis zu welcher man bei der Verzeichnung von Meteorbahnen die Genauigkeit treiben könne. Will man eine Durchschnittszahl kennen lernen, welche die Genauigkeit der Positionen darstellt, die von verschiedenen Personen beobachtet werden, deren Uebung gewöhnlich eine sehr verschiedene ist, so müssen sich je 2 und 2 Beobachter von verschiedener Fertigkeit im Sehen, von ungleicher Bekanntschaft mit dem Sternenhimmel, in Betreff ihrer Resultate mit einander vergleichen. Beispielsweise bezeichne ich einen ungeübten Beobachter als Solchen, der zwar hinlänglich mit den Gestirnen vertraut ist, und ohne zu suchen, unmittelbar ihren Ort auf der Charte findet, aber noch keine Verzeichnungen der so schnell verschwindenden Sternschnuppenbahnen gemacht hat. Ein geübter Beobachter ist mit dem Himmel so bekannt, dafs es keine Gegend giebt, in welcher ihm nicht immer einige wenn auch sehr kleine Sterne, einen sichern Haltpunkt gewähren. Er wird sich durch keine noch so glänzende Erscheinung überraschen lassen, er wird ruhig die Schläge des Chronometers fortzählen, dabei den Lauf des Meteors verfolgen, Anfang und Ende der Bahn nach benachbarten, ihm beim ersten Anblick bekannten Sternen fixiren, und in die Charte eintragen. — Indem ich nun wünschte, die Unterschiede der Beobachtungen zwischen 2 Personen von verschiedener Uebung kennen zu lernen, begann ich im November 1849 in Gemeinschaft mit Herrn F. Thormann aus Bern, die von uns beiden gleichzeitig gesehenen Meteorbahnen zu verzeichnen. Wir benutzten dazu einige heitere Nächte, und wählten als bequemen Standort mein an der Nordseite der Sternwarte gelegenes Zimmer. Thormann machte diese Beobachtungen zum ersten Male, ich selbst war seit 7 Jahren damit vertraut. Wir sahen nach derselben Himmelsgegend aus, und trugen die Bahnen sogleich in Argelanders Charten ein. Nur dann wurde eine Angabe verworfen, wenn sich gleich ein offenbarer Irrthum herausstellte.

Da ich Differenzen in A R und δ angeben werde, so müssen dieselben in Theilen des gröfsten Kreises ausgedrückt sein. Ein Fehler in der A R der am Aequator die Gröfse x hat, ist bei der Declination $\delta = x$ sec. δ. Bei Meteoren, die nahe am Pole ihre Bahn beschreiben, kann der Unterschied der beiden Angaben in AR enorm werden, und leicht 180° erreichen, weil er nach Mafsgabe der Secante der Declination vergröfsert erscheint. Nenne ich die von mir beobachteten Rectascensionen und Declinationen α' und δ', die von Thormann verzeichneten dagegen α und δ, und setze die Differenz (S—T) in Rectascension $= (\alpha' - \alpha)$, so mufs diese noch mit cos $\left(\frac{\delta' + \delta}{2}\right)$ multiplicirt werden, damit sie in demselben Mafse ausgedrückt ist, wie der Unterschied der Declinationen δ' und δ.

Indem ich die Positionen des Anfangs- und Endpunktes scheide, stelle ich hier die folgenden von uns zwischen Nov. 10. und Nov. 19. 1849 erhaltenen Resultate zusammen.

Anfang der Bahn (S — T) Ende der Bahn

Anfang der Bahn

		$(\alpha'-\alpha)\cos\left(\frac{\delta'+\delta}{2}\right)$	$(\delta'-\delta)$
Nov. 10.	N. 3533.	−0°,65	+1°,0
	3537.	+0,13	+2,0
Nov. 11.	3553.	0,00	−1,0
	3569.	−0,59	+2,5
	3572.	+2,73	+2,5
	3577.	+3,46	−3,0
	3583.	+2,99	+0,8
Nov. 12.	3591.	+5,82	−4,0
	3598.	+5,38	+1,5
	3602.	+0,75	+2,0
	3611.	−1,97	+2,0
	3613.	+1,37	+1,0
	3614.	−0,69	+3,5
	3615.	+4,72	−2,0
	3616.	−0,75	0,0
	3621.	−1,81	0,0
	3625.	+3,10	−1,0
Nov. 13.	3649.	+1,05	−1,3
	3656.	+1,37	+1,0
	3665.	+2,75	+3,5
	3671.	−2,08	−4,2
Nov. 19.	3684.	−0,47	0,0
	3687.	−0,07	+2,0
	3690.	−5,68	−0,5
	3696.	+2,19	+1,0

Ende der Bahn

		$(\alpha'-\alpha)\cos\left(\frac{\delta'+\delta}{2}\right)$	$(\delta'-\delta)$
Nov. 10.	N. 3534.	−4°,40	−2°,0
	3537.	−1,43	0,0
	3550.	0,00	+1,0
Nov. 11.	3553.	−0,44	0,0
	3554.	+0,31	+0,5
	3567.	+1,85	+3,0
	3569.	+0,34	−2,5
	3572.	+1,65	+1,5
	3577.	+1,84	+0,5
	3579.	+0,67	0,0
	3580.	+0,94	0,0
	3583.	+1,62	0,0
	3591.	+0,96	−1,0
	3593.	+0,35	+0,5
	3598.	+3,53	−1,5
	3600.	−1,22	+0,5
	3602.	+0,38	+1,0
	3604.	+3,37	+2,5
	3607.	+4,27	−0,25
	3611.	+2,06	+2,0
	3613.	+0,79	+1,5
	3614.	+0,49	+0,3
	3615.	−0,36	−5,0
	3616.	+0,57	+0,5
	3621.	−1,31	−1,0
Nov. 12.	3622.	+0,35	−1,0
	3624.	+0,36	+0,5
	3625.	+0,69	+2,0
	3629.	−2,00	+0,1
Nov. 13.	3646.	0,00	−0,5
	3647.	−0,14	+0,5
	3649.	+0,95	0,0
	3650.	+1,95	0,0
	3656.	+1,09	−0,5
	3658.	−1,71	+0,6
	3665.	+0,40	+2,5
	3671.	−3,65	0,0
	3674.	−0,80	−1,0
Nov. 19.	3684.	+1,15	+1,0
	3687.	−0,95	−0,5
	3690.	+1,20	0,0
	3692.	−1,27	+0,3
	3696.	−1,38	+1,5

Wir haben sonach an diesen 5 Novemberabenden 25 gemeinschaftliche Beobachtungen über den Anfang, und 43 über das Ende der Meteorbahnen erhalten. Da aber diese Körper sich in allen möglichen Richtungen unter den Sternen bewegen, so ist hier die Unterscheidung von + und — in den Differenzen ohne Bedeutung. Betrachten wir zuerst die beobachteten Unterschiede im Anfange der Meteorbahn, so finden wir folgende Mittel:

$(\alpha'-\alpha)\cos\left(\frac{\delta'+\delta}{2}\right)=\frac{52^\circ{,}57}{25}=2^\circ{,}10$ Diffr. in A R zwischen Thormann und mir,

$(\delta'-\delta)=\frac{43^\circ{,}30}{25}=1^\circ{,}70$ Diffr. in δ zwischen Thormann und mir.

Für das Ende der Bahn, für den Verschwindungspunkt erhalten wir:

$(\alpha'-\alpha)\cos\left(\frac{\delta'+\delta}{2}\right)=\frac{55^\circ{,}19}{43}=1^\circ{,}28$ Diffr. in A R zwischen Thormann und mir,

$(\delta'-\delta)=\frac{41^\circ{,}05}{43}=0^\circ{,}95$ Diffr. in δ zwischen Thormann und mir.

Hier zeigt sich nun offenbar, wie es auch im Voraus zu erwarten stand, dafs der Endpunkt der Meteorbahn sich genauer beobachten läfst, indem man bei dem Aufleuchten des Meteors einen gröfsern Fehler begeht, weil man auf die Erscheinung durchaus nicht vorbereitet ist. Da nun, wo es sich um die Beobachtungsfehler je zweier Personen handelt, bei Meteorbahnen eine Unterscheidung zwischen A R und δ wegfällt, so kann man im Mittel für 2 Beobachter von verschiedener Uebung annehmen:

Summe der Fehler beim Anfange der Bahn $=\pm 1^\circ{,}90$
- - - - Ende der Bahn $=\pm 1^\circ{,}11$

d. h. in runder Zahl resp. 2° und 1°.

Nehmen wir an, dafs beide Beobachter dieselbe Uebung hätten, und vertheilen diese Fehler gleichmäfsig, so kommt auf Jeden resp. 1° und 0°,5. Durch diese Ermittelung wird Feldts Annahme des mittlern Beobachtungsfehlers unter günstigen Umständen = 1° hinlänglich bestätigt. Indessen bin ich nach manchen Erfahrungen überzeugt, dafs sich unter gewissen Umständen eine viel gröfsere Genauigkeit erreichen läfst. — Haben 2 Beobachter in dieser Beziehung sich mit einander verglichen, so können sie bei ihren aus correspondirenden Bestimmungen ermittelten Resultaten über Höhe, Entfernung und Geschwindigkeit des Meteors, die gröfstmöglichen Gränzen der Unsicherheit numerisch darstellen.

Anwendung der Besselschen Methode zur Berechnung correspondirender Meteorbeobachtungen.

Bereits im Jahre 1847 hatte Heis mich aufgefordert, zu verabredeten Zeiten gemeinschaftlich mit ihm nach Meteoren auszusehen, um eine neue Untersuchung über die Höhen und Geschwindigkeiten derselben zu beginnen. — Die Entfernung von nahe 10 geogr. Meilen zwischen Bonn und Aachen schien dazu sehr geeignet, und es war Hoffnung vorhanden, im Laufe der Zeit auch andere Beobachter in entfernteren Städten für diesen Plan zu gewinnen. Die erste bestimmte Verabredung zwischen Heis und mir geschah im Juli 1848. An beiden Orten wurde die Zeit des Verschwindens der Meteore so genau notirt, als es die vorhandenen Mittel erlaubten. In Bonn wurden die Bahnen in Argelanders Uranometrie verzeichnet, während Heis in Aachen dieselben auf seine von ihm selbst verfertigte ausgezeichnete Himmelskugel von 30 Zoll Durchmesser auftrug. Alle Voruntersuchungen über die gewisse Identität correspondirender Beobachtungen wurden von Heis angestellt. Er zeichnete die in Bonn und Aachen gesehenen scheinbaren Meteorbahnen auf den Globus, und nahm die Identität erst dann an, wenn diese Bahnen, rückwärts verlängert, sich schnitten, und aufserdem in Betreff der Momente des Verschwindens, ganz oder sehr nahe die Meridiandifferenz zwischen Bonn und Aachen angaben. Alle Meteore, welche in solcher Weise von Heis als zusammengehörig bezeichnet wurden, berechnete ich sodann selbst nach der von Bessel in den Astr. Nachr. N. 380 und 381. entwickelten Methode. Bei der Bestimmung von $s s'$ $\sigma\sigma'$ S und Σ sind die durch die Formeln selbst gegebenen Controlen stets angewandt worden, und in dem Endresultate H und H' habe ich die Correction wegen der Krümmung der Erdoberfläche nie vernachlässigt. —

Im Jahre 1849 ersuchte ich auswärtige Beobachter, an dem von Heis vorgeschlagenen Plane sich zu betheiligen. Auf meine Bitte haben die Herren Dr. Brünnow an der Sternwarte zu Bilk bei Düsseldorf, Lichtenberger in Neunkirchen bei Saarbrücken, Dr. Lorey und Dr. Melber in Frankfurt am Main, R. Wolf in Bern, Dr. Sonnenburg, Lappenberg und Thätjenshorst in Bremen, nach Sternschnuppen an den verabredeten Tagen ausgesehen, und mir dann späterhin zahlreiche und werthvolle Beobachtungen eingesandt. Heis veranlaſste noch die Observatoren der Hamburger Sternwarte zur Mitwirkung, und lieſs im Jahre 1849 einen Theil seiner Schüler in Aachen, so wie an den Eisenbahnstationen Eschweiler und Düren, zwischen Cöln und Aachen, mitbeobachten. In Bonn übernahm ich die Beobachtungen meist allein, wurde dabei aber im Herbste 1849 durch die Herren Thormann aus Bern und G. vom Rath aus Cöln vielfach unterstützt. Zuerst werde ich jetzt alle Combinationen, nach Bessels Methode berechnet, hersetzen, welche sich auf die Lage je zweier Beobachtungsstationen beziehen. Alle Bezeichnungen stimmen mit den von Bessel gewählten völlig überein.

I. Bonn $= O$. Aachen $= O'$.

$O \ldots \varphi = 50^\circ 32' 29''$
$O' \ldots \varphi' = 50\ 35\ 17$ $\frac{1}{2}m = -0^\circ 30' 42'',75$ $(A-\mu) = 266^\circ 18' 24''$. $D = +2^\circ 35' 43''$.

$\log\sin D = 8{,}65591$. $\log\cos D = 9{,}99955$. $\log R = 0{,}98947$. $R = 9{,}76$ Meil.

II. Bonn $= O$. Bremen $= O'$.

$O \ldots \varphi = 50^\circ 32' 29''$
$O' \ldots \varphi' = 52\ 54\ \ 0$ $\frac{1}{2}m = +0^\circ 51'3$ $(A-\mu) = 151^\circ 5'3$. $D = +34^\circ 15',9$.

$\log\sin D = 9{,}75052$. $\log\cos D = 9{,}91721$. $\log R = 1{,}58734$. $R = 38{,}67$ Meil.

III. Aachen $= O$. Bremen $= O'$.

$O \ldots \varphi = 50^\circ 35' 17''$
$O' \ldots \varphi' = 52\ 54\ \ 0$ $\frac{1}{2}m = +1^\circ 22',1$ $(A-\mu) = 138^\circ 23',4$. $D = +29^\circ 50',4$.

$\log\sin D = 9{,}69686$. $\log\cos D = 9{,}93823$. $\log R = 1{,}63213$. $R = 42{,}87$ Meil.

IV. Bonn $= O$. Frankfurt $= O'$.

$O \ldots \varphi = 50^\circ 32' 29''$
$O' \ldots \varphi' = 49\ 55\ 34$ $\frac{1}{2}m = +0^\circ 47' 27''$ $(A-\mu) = 65^\circ 34',8$. $D = -19^\circ 22',75$.

$\log \sin D = 9,52090n$. $\log \cos D = 9,97466$. $\log R = 1,24905$. $R = 17,74$ Meil.

V. Aachen $= O$. Frankfurt $= O'$.

$O \ldots \varphi = 50^\circ 35' 17''$
$O' \ldots \varphi' = 49\ 55\ 34$ $\frac{1}{2}m = +1^\circ 18' 13''$ $(A-\mu) = 74^\circ 13',8$. $D = -13^\circ 38',45$.

$\log \sin D = 9,37260n$. $\log \cos D = 9,98758$. $\log R = 1,42889$. $R = 26,85$ Meil.

VI. Frankfurt $= O$. Neunkirchen $= O'$.

$O \ldots \varphi = 49^\circ 55' 34''$
$O' \ldots \varphi' = 49\ \ 9\ 16$ $\frac{1}{2}m = -0^\circ 44' 50''$ $(A-\mu) = 300^\circ 31',03$. $D = -23^\circ 48',0$.

$\log \sin D = 9,60589n$. $\log \cos D = 9,96140$. $\log R = 1,26864$. $R = 18,56$ Meil.

VII. Neunkirchen $= O$. Aachen $= O'$.

$O \ldots \varphi = 49^\circ\ 9' 16''$
$O' \ldots \varphi' = 50\ 35\ 17$ $\frac{1}{2}m = -0^\circ 33' 21''$ $(A-\mu) = 212^\circ 30',4$. $D = +35^\circ 6',7$.

$\log \sin D = 9,75979$. $\log \cos D = 9,91277$. $\log R = 1,38079$. $R = 24,03$ Meil.

VIII. Bremen $= O$. Hamburg $= O'$.

$O \ldots \varphi = 52^\circ 54'\ 0''$
$O' \ldots \varphi' = 53\ 22\ 13$ $\frac{1}{2}m = +0^\circ 34' 56''$ $(A-\mu) = 115^\circ 16',48$. $D = +20^\circ 1',43$.

$\log \sin D = 9,53455$. $\log \cos D = 9,97292$. $\log R = 1,08808$. $R = 12,25$ Meil.

IX. Bonn $= O$. Hamburg $= O'$.

$O \ldots \varphi = 50^\circ 32' 29''$
$O' \ldots \varphi' = 53\ 22\ 13$ $\frac{1}{2}m = +1^\circ 26' 12''$ $(A-\mu) = 143^\circ 0',78$. $D = +31^\circ 20',8$.

$\log \sin D = 9,71618$. $\log \cos D = 9,93148$. $\log R = 1,69824$. $R = 49,92$ Meil.

X. Aachen $= O$. Hamburg $= O'$.

$O \ldots \varphi = 50^\circ 35' 17''$
$O' \ldots \varphi' = 53\ 22\ 13$ $\frac{1}{2}m = +1^\circ 56' 56''$ $(A-\mu) = 134^\circ 24',16$. $D = +27^\circ 40',0$.

$\log \sin D = 9,66682$. $\log \cos D = 9,94727$. $\log R = 1,74010$. $R = 54,97$ Meil.

XI. Bonn $= O$. Eschweiler $= O'$.

$O \ldots \varphi = 50^\circ 32' 29''$
$O' \ldots \varphi' = 50\ 37\ 30$ $\frac{1}{2}m = -0^\circ 25' 48''$ $(A-\mu) = 263^\circ 3',5$. $D = +5^\circ 16',13$.

$\log \sin D = 8,96296$. $\log \cos D = 9,99816$. $\log R = 0,91770$. $R = 8,27$ Meil.

Entfernungen und Höhen.

Indem ich überall Bessels Bezeichnungen innehalte, und dabei auf die mehrfach erwähnte Abhandlung in Schumachers astr. Nachr. N. 380. 381. verweise, stelle ich hier die Resultate der Rechnung über unsere correspondirenden Beobachtungen zusammen. — Ich gebe die einzelnen Bestimmungsstücke, so weit sie zur Beurtheilung des Resultates dienen können, und füge aufser den beobachteten Meteorpositionen noch die Ortszeit und die Nummer des Verzeichnisses bei.

1848. Juli 29.

1) Bonn N. 2873. $11^h\,0^m\,0^s$ Anfang ($273°,5 - 3°$) Ende ($245°,5 + 2°$) $A = 198°\,59',9$

Aachen - ($283° \quad - 4°$) - ($273° \quad - 5°$) $f = -0°\,13'$ $f' = -2°\,36'$

$s = 74°\,40',6$ $p = 93°\,49',6$ $S = 6°\,12'$ $\sigma_1 = 86°\,59',4$ $r = 45^m,70$

$s' = 46°\,51',8$ $p' = 89°\,41',4$ $\Sigma = 9°\,5'$ $\sigma_1' = 111°\,48',3$ $r' = 10^m,00$

$\sigma = 84°\,12',0$ $\pi = 94°\,17',3$ $\Pi = 183°\,49',6$ $(\sigma_1 - s) = 12°\,18',8$ $\varrho = 44^m,14$

$\sigma' = 74°\,18',7$ $\pi' = 95°\,55',9$ $(\sigma_1' - s') = 64°\,56',5$ $\varrho' = 7^m,86$

für $O' \ldots H = 25^m,88 \pm 38,88\,\varepsilon$ $H' = 4^m,19 \pm 2,56\,\varepsilon$.

Grofses grünes und fast schweifloses, die Nacht blitzartig erhellendes Meteor. Dauer $2^s - 3^s$.

1849. Juli 29.

2) Bonn N. 3291. $11^h\,12^m\,19^s$ Anfang $(267°,5+28°,2)$ Ende $(255°+16°,5)$ $A=200°\,51',4$
Aachen - 2955. - $(296° + 18°)$ - $(284°+14°)$ $f=-5°\,22'$ $f'=-2°\,4'$

$s=68°\,16',0$	$p=60°\,35',0$	$S=30°\,59'$	$\sigma_1=124°\,30',7$	$r=9^m,67$
$s'=54°\,59',0$	$p'=71°\,37',0$	$\Sigma=21°\,24'$	$\sigma_1'=94°\,34',9$	$r'=15^m,26$
$\sigma=94°\,5',0$	$\pi=71°\,44',4$	$\Pi=163°\,24',6$	$(\sigma_1-s)=56°\,14',7$	$\varrho=10^m,90$
$\sigma'=82°\,43',5$	$\pi'=76°\,12',6$		$(\sigma_1'-s')=39°\,35',9$	$\varrho'=12^m,54$

für $O' \ldots H=9^m,20 \pm 2,61\,\varepsilon$ $H'=10^m,00 \pm 1,24\,\varepsilon$.

Sternschnuppe der 1sten Gröſse, geschweift, gelb. Dauer $0^s,5$.

Juli 29.

3) Bonn N. 3293. $11^h\,23^m\,45^s$ Anfang $(237°,5+22°)$ Ende $(211°+24°,5)$ $A=203°\,32',6$
Aachen - 2959. - $(254° + 28°)$ - $(222°+30°)$ $f=-0°\,3'$ $f'=-3°\,16'$

$s=38°\,6',0$	$p=56°\,38',2$	$S=21°\,45'$	$\sigma_1=126°\,6',3$	$r=28^m,97$
$s'=23°\,0',0$	$p'=17°\,7',9$	$\Sigma=24°\,22'$	$\sigma_1'=152°\,5',9$	$r'=53^m,29$
$\sigma=54°\,11',5$	$\pi=56°\,51',35$	$\Pi=165°\,55',5$	$(\sigma_1-s)=88°\,0',3$	$\varrho=22^m,17$
$\sigma'=32°\,24',9$	$\pi'=30°\,25',4$		$(\sigma_1'-s')=129°\,5',9$	$\varrho'=44^m,50$

für $O' \ldots H=17^m,28 \pm 3,43\,\varepsilon$ $H'=24^m,60 \pm 12,62\,\varepsilon$.

Eine schöne grüne Sternschnuppe 1ster Gröſse von 2^s Dauer.

1849. Aug. 11.

4) Bonn N. 3343. $9^h\,40^m\,47^s$ Anfang $(310^\circ + 12^\circ)$ Ende $(300^\circ - 1^\circ)$ $A = 191^\circ\,42',9$
Aachen - 3286. - $(318^\circ + 16^\circ)$ - $(317^\circ - 3^\circ)$ $f = +2^\circ\,44'$ $f' = -0^\circ\,43'$

$s = 116^\circ 58',3$	$p = 75^\circ\ 7',6$	$S = 51^\circ 27'$	$\sigma_1 = 124^\circ 39',4$	$r = 60^m,04$
$s' = 108^\circ 18',7$	$p' = 90^\circ 11',7$	$\Sigma = 54^\circ 36'$	$\sigma_1' = 125^\circ 23',3$	$r' = 27^m,10$
$\sigma = 123^\circ 46',4$	$\pi = 68^\circ 45',7$	$\Pi = 268^\circ 31',8$	$(\sigma_1 - s) = 7^\circ 41',1$	$\varrho = 65^m,05$
$\sigma' = 125^\circ 21',1$	$\pi' = 91^\circ 50',3$		$(\sigma_1' - s') = 17^\circ\ 4',6$	$\varrho' = 31^m,56$

für $O \ldots H = 44^m,51 \pm 12,98\,\varepsilon$ $H' = 16^m,56 \pm 2,30\,\varepsilon$.

Meteor der 2ten Gröſse, weiſs, $0^s,6$ Dauer der Sichtbarkeit.

Aug. 11.

5) Bonn N. 3351. $10^h\,11^m\,57^s$ Anfang $(133^\circ,5 + 66^\circ,5)$ Ende $(162^\circ,5 + 60^\circ)$ $A = 84^\circ\,18',5$
Bremen - 16. - $(248^\circ,75 + 33^\circ,0)$ - $(247^\circ,5 + 10^\circ)$ $f = +4^\circ\,51'$ $f' = +5^\circ\,19'$

$s = 42^\circ 58',4$	$p = 26^\circ 16',8$	$S = 23^\circ 51'$	$\sigma_1 = 138^\circ 32',0$	$r = 25^m,73$
$s' = 55^\circ\ 6',0$	$p' = 36^\circ 38',6$	$\Sigma = 66^\circ 51'$	$\sigma_1' = 149^\circ 48',5$	$r' = 19^m,51$
$\sigma = 111^\circ\ 9',9$	$\pi = 13^\circ 57',5$	$\Pi = 277^\circ 42',0$	$(\sigma_1 - s) = 95^\circ 33',6$	$\varrho = 26^m,48$
$\sigma' = 132^\circ 56',9$	$\pi' = 22^\circ 53',8$		$(\sigma_1' - s') = 94^\circ 42',5$	$\varrho' = 31^m,82$

für $O \ldots H = 20^m,92 \pm 1,39\,\varepsilon$ $H' = 17^m,56 \pm 1,47\,\varepsilon$.

Sternschnuppe der 1sten Gröſse, gelb und geschweift. Dauer $0^s,75$.

Aug. 11.

6) Bonn N. 3360. $10^h 53^m 20^s$ Anfang $(126^\circ + 56^\circ,5)$ Ende $(121^\circ + 47^\circ)$ $A = 94^\circ 41',0$
Bremen - 31. - $(249^\circ + 24^\circ,5)$ - $(242^\circ + 5^\circ)$ $f = +2^\circ 36'$ $f' = +1^\circ 12'$

$s = 30^\circ 46',6$ $p = 34^\circ 6',1$ $S = 17^\circ 57'$ $\sigma_1 = 123^\circ 7',0$ $r = 32^m,41$
$s' = 23^\circ 30',7$ $p' = 49^\circ 16',8$ $\Sigma = 38^\circ 11'$ $\sigma_1' = 132^\circ 27',9$ $r' = 30^m,16$
$\sigma = 116^\circ 17',2$ $\pi = 26^\circ 5',7$ $\Pi = 273^\circ 14',1$ $(\sigma_1 - s) = 92^\circ 20',4$ $\varrho = 19^m,80$
$\sigma' = 130^\circ 4',8$ $\pi' = 44^\circ 40',4$ $(\sigma_1' - s') = 108^\circ 57',2$ $\varrho' = 16^m,31$

für $O \ldots H = 10^m,19 \pm 0,17\,\varepsilon$ $H' = 4^m,67 \pm 0,11\,\varepsilon$.

Sternschnuppe der 3ten Gröſse, gelb. $1^s,2$ Dauer.

Aug. 11.

7) Bonn N. 3362. $11^h 3^m 49^s$ Anfang $(321^\circ + 70^\circ)$ Ende $(302^\circ + 64^\circ)$ $A = 212^\circ 31',6$
Aachen - 3365. - $(358^\circ + 57^\circ)$ - $(342^\circ + 42^\circ)$ $f = -0^\circ 23'$ $f' = -6^\circ 29'$

$s = 93^\circ 46',0$ $p = 18^\circ 58',3$ $S = 48^\circ 0'$ $\sigma_1 = 114^\circ 5',4$ $r = 25^m,65$
$s' = 87^\circ 25',5$ $p' = 26^\circ 1',6$ $\Sigma = 63^\circ 44'$ $\sigma_1' = 115^\circ 8',8$ $r' = 18^m,99$
$\sigma = 114^\circ 13',0$ $\pi = 19^\circ 47',3$ $\Pi = 224^\circ 3',0$ $(\sigma_1 - s) = 20^\circ 19',4$ $\varrho = 28^m,04$
$\sigma' = 116^\circ 12',5$ $\pi' = 39^\circ 45',0$ $(\sigma_1' - s') = 27^\circ 43',3$ $\varrho' = 20^m,96$

für $O \ldots H = 24^m,08 \pm 2,98\,\varepsilon$ $H' = 18^m,48 \pm 1,22\,\varepsilon$.

Ein Meteor der 2ten Gröſse, gelb, geschweift. Dauer $0^s,75$.

1849. Aug. 11.

8) Bonn N. 3372. $11^h\,33^m\,0^s$ Anfang $(71^\circ{,}5 + 40^\circ{,}5)$ Ende $(70^\circ \quad + 37^\circ)$ $A = 104^\circ\,37'{,}6$
Bremen - 45. - $(\,5^\circ{,}0 + \;4^\circ{,}0)$ - $(26^\circ{,}25 + 18^\circ)$ $f = -4^\circ\,48'$ $f' = +2^\circ\,37'$

$s = 26^\circ 53'{,}2$ $p = 293^\circ\;9'{,}6$ $S = 25^\circ 43'$ $\sigma_1 = 108^\circ\;5'{,}3$ $r = 37^m{,}19$
$s' = 28^\circ\;7'{,}6$ $p' = 285^\circ 40'{,}5$ $\Sigma = 69^\circ 22'$ $\sigma_1' = 109^\circ 13'{,}2$ $r' = 36^m{,}96$
$\sigma = 75^\circ 10'{,}0$ $\pi = 308^\circ 37'{,}4$ $\Pi = 83^\circ 18'{,}0$ $(\sigma_1 - s) = 81^\circ 12'{,}1$ $\varrho = 17^m{,}69$
$\sigma' = 69^\circ 55'{,}5$ $\pi' = 277^\circ 18'{,}9$ $(\sigma_1' - s') = 81^\circ\;5'{,}6$ $\varrho' = 18^m{,}45$

für $O \ldots H = 11^m{,}04 \pm 0{,}13\,\varepsilon$ $H' = 9^m{,}63 \pm 0{,}12\,\varepsilon$.

Sternschnuppe der 4ten Gröſse, weiſs, sehr kurz.

Aug. 11.

9) Bonn N. 3380. $11^h\,54^m\,39^s$ Anfang $(\,59^\circ + 45^\circ{,}5)$ Ende $(\,66^\circ{,}5 + 43^\circ)$ $A = 110^\circ\,3'{,}3$
Bremen - 56. - $(325^\circ + 18^\circ\;)$ - $(327^\circ{,}5 + \;4^\circ)$ $f = -7^\circ\,21'$ $f' = -3^\circ\,55'$

$s = 40^\circ\;1'{,}6$ $p = 302^\circ\;3'{,}5$ $S = 15^\circ 26'$ $\sigma_1 = 47^\circ 26'{,}1$ $r = 220^m{,}9$
$s' = 34^\circ 42'{,}5$ $p' = 297^\circ 45'{,}4$ $\Sigma = 36^\circ 43'$ $\sigma_1' = 45^\circ 18'{,}8$ $r' = 149^m{,}4$
$\sigma = 118^\circ\;3'{,}0$ $\pi = 321^\circ 52'{,}6$ $\Pi = 255^\circ 17'{,}7$ $(\sigma_1 - s) = 7^\circ 24'{,}5$ $\varrho = 264^m{,}7$
$\sigma' = 127^\circ 58'{,}1$ $\pi' = 309^\circ 41'{,}8$ $(\sigma_1' - s') = 10^\circ 36'{,}3$ $\varrho' = 165^m{,}6$

für $O \ldots H = 124^m \pm 106\,\varepsilon$ $H' = 68^m \pm 40\,\varepsilon \ldots$ ganz unsicher.

Sternschnuppe 4ter Gröſse, klein und sehr kurz, nahe am Convergenzpunkte im Perseus.

Aug. 11.

10) Bonn N. 3368. $11^h 24^m 20^s$ Anfang $(197^\circ \quad +42^\circ,5)$ Ende $(204^\circ \quad +36^\circ,5)$ $A = 101^\circ 27',3$
Bremen - 40. - $(238^\circ,25 + 28^\circ \ )$ - $(234^\circ,5 + \ 8^\circ,5)$ $f = +5^\circ 42'$ $f' = -0^\circ 59'$

$s = 71^\circ 14',9$ $p = 50^\circ 48',1$ $S = 15^\circ 11'$ $\sigma_1 = 115^\circ 17',4$ $r = 50^m,29$

$s' = 79^\circ \ 0',9$ $p' = 53^\circ \ 3',8$ $\Sigma = 44^\circ 45'$ $\sigma_1' = 116^\circ 53',9$ $r' = 56^m,16$

$\sigma = 105^\circ 31',5$ $\pi = 38^\circ 51',1$ $\Pi = 292^\circ 51',9$ $(\sigma_1 - s) = 44^\circ \ 2',5$ $\varrho = 52^m,67$

$\sigma' = 118^\circ 20',6$ $\pi' = 55^\circ 12',1$ $(\sigma_1' - s') = 37^\circ 53',0$ $\varrho' = 61^m,83$

für $O \ldots H = 17^m,90 \pm 1,78\ \varepsilon$ $H' = 18^m,95 \pm 2,35\ \varepsilon$.

Meteor der 2ten Gröfse, gelb. Dauer = $0^s,5$.

Aug. 11.

11) Bonn N. 3386. $12^h 7^m 8^s$ Anfang $(184^\circ \quad +61^\circ,2)$ Ende $(185^\circ,7 + 55^\circ)$ $A = 113^\circ 10',8$
Bremen - 59. - $(276^\circ,5 + 14^\circ \ )$ - $(270^\circ,5 + \ 3^\circ,5)$ $f = +5^\circ 39'$ $f' = +3^\circ 25'$

$s = 51^\circ 22',6$ $p = 35^\circ 37',2$ $S = 49^\circ 59'$ $\sigma_1 = 137^\circ 17',4$ $r = 26^m,29$

$s' = 52^\circ 52',2$ $p' = 43^\circ 19',7$ $\Sigma = 35^\circ \ 2'$ $\sigma_1' = 140^\circ \ 8',8$ $r' = 24^m,81$

$\sigma = 129^\circ 11',7$ $\pi = 21^\circ \ 3',9$ $\Pi = 256^\circ 11',3$ $(\sigma_1 - s) = 85^\circ 54',8$ $\varrho = 30^m,29$

$\sigma' = 136^\circ 36',8$ $\pi' = 34^\circ \ 4',8$ $(\sigma_1' - s') = 87^\circ 16',6$ $\varrho' = 30^m,86$

für $O \ldots H = 12^m,19 \pm 0,36\ \varepsilon$ $H' = 9^m,52 \pm 0^m,51\ \varepsilon$.

Sternschnuppe der 3ten Gröfse, weifs und geschweift.

1849. Aug. 11.

12) Frankfurt N. 4. $10^h 4^m 48^s$ Anfang $(302^\circ + 7^\circ)$ Ende $(299^\circ - 11^\circ)$ $A = 231^\circ 57',0$
Neunkirchen - 18. - $(343^\circ + 11^\circ)$ - $(339^\circ + 5^\circ)$ $f = -6^\circ 3'$ $f' = -0^\circ 28'$

$s = 74^\circ 53',3$ $p = 75^\circ 6',3$ $S = 49^\circ 31'$ $\sigma_1 = 126^\circ 40',5$ $r = 18^m,95$
$s' = 64^\circ 42',6$ $p' = 91^\circ 16',5$ $\Sigma = 31^\circ 51'$ $\sigma_1' = 109^\circ 3',0$ $r' = 25^m,10$
$\sigma = 113^\circ 30',4$ $\pi = 87^\circ 58',8$ $\Pi = 193^\circ 39',7$ $(\sigma_1 - s) = 51^\circ 47',2$ $\varrho = 22^m,81$
$\sigma' = 107^\circ 36',1$ $\pi' = 92^\circ 17',5$ $(\sigma_1' - s') = 44^\circ 20',4$ $\varrho' = 24^m,01$

für $O' \ldots H = 15^m,13 \pm 3,63\,\varepsilon$ $H' = 13^m,59 \pm 0,91\,\varepsilon$.

Aug. 11.

13) Aachen N. 3293. $9^h 45^m 5^s$ Anfang $(344^\circ + 1^\circ)$ Ende $(323^\circ - 7^\circ)$ $A = 359^\circ 42',9$
Frankfurt - 2. - $(286^\circ + 14^\circ)$ - $(274^\circ - 4^\circ)$ $f = +6^\circ 21'$ $f' = +3^\circ 34'$

$s = 21^\circ 22',7$ $p = 312^\circ 0',4$ $S = 19^\circ 17'$ $\sigma_1 = 107^\circ 43',8$ $r = 25^m,62$
$s' = 36^\circ 41',1$ $p' = 276^\circ 39',1$ $\Sigma = 69^\circ 29'$ $\sigma_1' = 98^\circ 25',9$ $r' = 26^m,56$
$\sigma = 78^\circ 2',0$ $\pi = 287^\circ 48',9$ $\Pi = 163^\circ 18',9$ $(\sigma_1 - s) = 86^\circ 21',1$ $\varrho = 9^m,80$
$\sigma' = 84^\circ 54',1$ $\pi' = 267^\circ 6',6$ $(\sigma_1' - s') = 61^\circ 44',8$ $\varrho' = 18^m,20$

für $O' \ldots H = 7^m,85 \pm 0,17\,\varepsilon$ $H' = 10^m,34 \pm 0,31\,\varepsilon$.

Aug. 11.

14) Bremen N. 1. $9^h\,42^m\,33^s$ Anfang $(350^\circ + 26^\circ)$ Ende $(341^\circ{,}25 + 21^\circ)$ $A = 41^\circ\,7',2$

Hamburg - 5. - $(307^\circ + 15^\circ)$ - $(296^\circ + 7^\circ)$ $f = +0^\circ\,47',5$ $f' = +0^\circ\,9'$

$s = 47^\circ\,8',5$ $p = 287^\circ 21',4$ $S = 18^\circ 56'$ $\sigma_1 = 98^\circ\,5',9$ $r = 15^m{,}61$

$s' = 55^\circ 44',0$ $p' = 282^\circ 18',7$ $\Sigma = 15^\circ 23'$ $\sigma_1' = 79^\circ 55',5$ $r' = 29^m{,}43$

$\sigma = 88^\circ 39',3$ $\pi = 285^\circ 29',1$ $\Pi = 195^\circ\,6',9$ $(\sigma_1 - s) = 50^\circ 57',4$ $\varrho = 11^m{,}56$

$\sigma' = 101^\circ 16',3$ $\pi' = 281^\circ 58',1$ $(\sigma_1' - s') = 24^\circ 11',5$ $\varrho' = 24^m{,}70$

für $O' \ldots H = 8^m{,}67 \pm 1{,}38\,\varepsilon$ $H' = 17^m{,}00 \pm 3{,}94\,\varepsilon$.

Aug. 20.

15) Bonn N. 3421. $9^h\,25^m\,0^s$ Anfang $(215^\circ + 52^\circ{,}5)$ Ende $(226^\circ + 40^\circ)$ $A = 196^\circ\,37',6$

Aachen - 3440. - $(245^\circ + 80^\circ)$ - $(280^\circ + 62^\circ)$ $f = +2^\circ\,51'$ $f' = +1^\circ\,31'$

$s = 52^\circ 11',3$ $p = 14^\circ\,3',1$ $S = 39^\circ 46'$ $\sigma_1 = 81^\circ 53',7$ $r = 19^m{,}50$

$s' = 45^\circ 53',5$ $p' = 31^\circ 32',8$ $\Sigma = 77^\circ\,2'$ $\sigma_1' = 85^\circ 20',7$ $r' = 15^m{,}31$

$\sigma = 80^\circ 48',0$ $\pi = 7^\circ 33',3$ $\Pi = 322^\circ 14',7$ $(\sigma_1 - s) = 29^\circ 42',4$ $\varrho = 15^m{,}56$

$\sigma' = 84^\circ 35',0$ $\pi' = 27^\circ 55',9$ $(\sigma_1' - s') = 39^\circ 27',2$ $\varrho' = 11^m{,}86$

für $O \ldots H = 13^m{,}99 \pm 0{,}93\,\varepsilon$ $H' = 10^m{,}90 \pm 0{,}60\,\varepsilon$.

Meteor der 3ten Gröfse, weifs, geschweift und von gekrümmter Bahn.

1849. Sept. 27.

16) Bonn N. 3445. $8^h\,48^m\,0^s$ Anfang $(251^\circ + 31^\circ,5)$ Ende $(236^\circ + 30^\circ,5)$ $A = 224^\circ\,48',4$
Aachen - 3532. - $(270^\circ + 44^\circ\ )$ - $(259^\circ + 44^\circ\ )$ $f = +0^\circ\,9'$ $f' = -3^\circ\,31'$

$s = 38^\circ\ 0',5$	$p = 37^\circ 41',1$	$S = 25^\circ 11'$	$\sigma_1 = 122^\circ\ 3',3$	$r = 8^m,32$
$s' = 29^\circ 51',0$	$p' = 19^\circ 38',9$	$\Sigma = 30^\circ 11'$	$\sigma_1' = 137^\circ 29',7$	$r' = 6^m,92$
$\sigma = 57^\circ 27',7$	$\pi = 37^\circ 15',6$	$\Pi = 248^\circ 38',3$	$(\sigma_1 - s) = 84^\circ\ 2',8$	$\varrho = 6^m,04$
$\sigma' = 51^\circ 15',5$	$\pi' = 31^\circ 13',4$		$(\sigma_1' - s') = 107^\circ 38',7$	$\varrho' = 5^m,10$

für $O' \ldots H = 5^m,12 \pm 0,14\,\varepsilon$ $H' = 3^m,96 \pm 0,31\,\varepsilon$.

Rothgelbe geschweifte Sternschnuppe der 2ten Gröfse.

Oct. 22.

17) Bonn N. 3463. $10^h\,10^m\,24^s$ Anfang $(235^\circ + 72^\circ)$ Ende $(230^\circ,5 + 64^\circ)$ $A = 285^\circ\,6',1$
Aachen - 3769. - $(175^\circ + 74^\circ)$ - $(187^\circ\ + 65^\circ)$ $f = +0^\circ\,26'$ $f' = +1^\circ\,22'$

$s = 76^\circ\ 3',0$	$p = 345^\circ 51',7$	$S = 62^\circ 35'$	$\sigma_1 = 86^\circ 54',2$	$r = 51^m,76$
$s' = 72^\circ 52',7$	$p' = 338^\circ\ 2',6$	$\Sigma = 78^\circ 53'$	$\sigma_1' = 88^\circ 24',0$	$r' = 36^m,46$
$\sigma = 92^\circ 55',8$	$\pi = 344^\circ 58',7$	$\Pi = 59^\circ 52',4$	$(\sigma_1 - s) = 10^\circ 51',2$	$\varrho = 50^m,31$
$\sigma' = 91^\circ\ 3',4$	$\pi' = 335^\circ 15',7$		$(\sigma_1' - s') = 15^\circ 31',3$	$\varrho' = 34^m,86$

für $O \ldots H = 30^m,94 \pm 6,43\,\varepsilon$ $H' = 17^m,36 \pm 2,28\,\varepsilon$.

Meteor der 3ten Gröfse, weifs, von 1^s Dauer.

Nov. 11.

18) Bonn N. 3555. $7^h\,9^m\,7^s$ Anfang $(345^\circ+49^\circ)$ Ende $(310^\circ+30^\circ)$ $A=246^\circ\,1',6$

Aachen - 3968. - $(29^\circ+34^\circ)$ - $(0^\circ+28^\circ)$ $f=+0^\circ\,5'$ $f'=-0^\circ\,21'$

$s=93^\circ54',0$	$p=40^\circ30',4$	$S=31^\circ\,4'$	$\sigma_1=129^\circ20',1$	$r=13^m,02$
$s'=66^\circ16',6$	$p'=58^\circ12',7$	$\Sigma=32^\circ43'$	$\sigma_1'=110^\circ43',3$	$r'=13^m,03$
$\sigma=129^\circ28',4$	$\pi=40^\circ18',9$	$\Pi=162^\circ16',8$	$(\sigma_1-s)=35^\circ26',1$	$\varrho=16^m,80$
$\sigma'=109^\circ41',3$	$\pi'=58^\circ58',3$		$(\sigma_1'-s')=44^\circ26',7$	$\varrho'=12^m,76$

für $O \ldots H=12^m,99\pm1,33\,\varepsilon$ $H'=11^m,27\pm0,83\,\varepsilon$.

Schönes grünes und schweifloses Meteor von stark wellenförmiger Bewegung. Dauer 1

Nov. 11.

19) Bonn N. 3558. $7^h\,44^m\,28^s$ Anfang $(73^\circ+57^\circ)$ Ende $(101^\circ+62^\circ,5)$ $A=253^\circ\,13',9$

Aachen - 3970. - $(71^\circ+31^\circ)$ - $(86^\circ+44^\circ)$ $f=-1^\circ\,7'$ $f'=-0^\circ\,25'$

$s=120^\circ24',4$	$p=0^\circ\,8',8$	$S=45^\circ\,8'$	$\sigma_1=146^\circ30',4$	$r=12^m,25$
$s'=111^\circ35',6$	$p'=346^\circ37',4$	$\Sigma=13^\circ51'$	$\sigma_1'=120^\circ31',8$	$r'=54^m,12$
$\sigma=146^\circ20',3$	$\pi=3^\circ27',3$	$\Pi=248^\circ15',5$	$(\sigma_1-s)=26^\circ\,6',0$	$\varrho=19^m,13$
$\sigma'=132^\circ\,1',1$	$\pi'=347^\circ38',7$		$(\sigma_1'-s')=8^\circ56',2$	$\varrho'=58^m,29$

für $O' \ldots H=8^m,86\pm1,49\,\varepsilon$ $H'=28^m,64\pm19^m,38\,\varepsilon$.

Meteor der 2ten Gröſse, geschweift und gelb. Dauer 1^s.

1849. Nov. 11.

20) Bonn N. 3556. $7^h\,23^m\,36^s$ Anfang $(274^\circ+32^\circ)$ Ende $(263^\circ+26^\circ)$ $A=248^\circ\,0',1$
Aachen - 3969. - $(344^\circ+61^\circ)$ - $(274^\circ+35^\circ)$ $f=+3^\circ\,5'$ $f'=-0^\circ\,54'$

$s=38^\circ 14',3$ $p=36^\circ 54',9$ $S=9^\circ 41'$ $\sigma_1=56^\circ\,2',2$ $r=26^m,48$
$s'=27^\circ 29',1$ $p'=30^\circ 16',1$ $\Sigma=4^\circ 22'$ $\sigma_1'=49^\circ 45',3$ $r'=7^m,64$
$\sigma=90^\circ 37',9$ $\pi=28^\circ 49',7$ $\Pi=123^\circ 58',2$ $(\sigma_1-s)=17^\circ 47',9$ $\varrho=19^m,76$
$\sigma'=40^\circ 24',3$ $\pi'=33^\circ 38',3$ $(\sigma_1'-s')=102^\circ 45',6$ $\varrho'=4^m,62$
für $O' \ldots H=19^m,44\pm 26,60\,\varepsilon$ $H'=3^m,01\pm 0,30\,\varepsilon$.

Meteor der 4ten Gröfse, weifs. Dauer 1^s.

Nov. 12.

21) Bonn N. 3596. $6^h\,52^m\,24^s$ Anfang $(175^\circ+49^\circ)$ Ende $(183^\circ+45^\circ)$ $A=241^\circ\,9',9$
Aachen - 3988. - $(146^\circ+53^\circ)$ - $(161^\circ+43^\circ)$ $f=-1^\circ\,3'$ $f'=+3^\circ\,44'$

$s=72^\circ 35',7$ $p=321^\circ\,1',8$ $S=15^\circ 45'$ $\sigma_1=75^\circ 32',9$ $r=184^m,5$
$s'=66^\circ\,8',0$ $p'=318^\circ 56',0$ $\Sigma=32^\circ 30'$ $\sigma_1'=78^\circ 40',0$ $r'=44^m,1$
$\sigma=91^\circ\,1',8$ $\pi=323^\circ 10',1$ $\Pi=41^\circ 34',7$ $(\sigma_1-s)=2^\circ 56',2$ $\varrho=181^m,8$
$\sigma'=72^\circ 30',0$ $\pi'=310^\circ 55',3$ $(\sigma_1'-s')=12^\circ 32',0$ $\varrho'=41^m,1$
für $O \ldots H=53^m,69\pm 96,00\,\varepsilon$ $H'=7^m,84\pm 3,15\,\varepsilon$ sehr unsicher.

Sternschnuppe der 2ten Gröfse, gelb.

Nov. 12.

22) Bonn N. 3600. $7^h\,24^m\,44^s$ Anfang $(200^\circ + 50^\circ)$ Ende $(212^\circ,5 + 36^\circ)$ $A = 249^\circ\,16',4$
Aachen - 3997. - $(183^\circ + 55^\circ)$ - $(210^\circ + 32^\circ)$ $f = -0^\circ\,3'$ $f' = +2^\circ\,14'$

$s = 63^\circ\;1',1$ $p = 326^\circ\,52',1$ $S = 18^\circ\,13'$ $\sigma_1 = 105^\circ\,48',5$ $r = 13^m,82$
$s' = 47^\circ\,37',3$ $p' = 319^\circ\;2',3$ $\Sigma = 20^\circ\;8'$ $\sigma_1' = 123^\circ\;1',3$ $r' = 8^m,46$
$\sigma = 74^\circ\,28',2$ $\pi = 326^\circ\,58',7$ $\Pi = 62^\circ\,49',7$ $(\sigma_1 - s) = 42^\circ\,47',4$ $\varrho = 12^m,80$
$\sigma' = 47^\circ\;9',9$ $\pi' = 312^\circ\,56',9$ $(\sigma_1' - s') = 75^\circ\,24',0$ $\varrho' = 7^m,45$

für $O \ldots H = 3^m,80 \pm 0,46\,\varepsilon$ $H' = 1^m,06 \pm 0,05\,\varepsilon$.

Schöne rothgelbe und schweiflose Sternschnuppe von $1^s,5$ Dauer.

Nov. 12.

23) Bonn N. 3600. $7^h\,24^m\,44^s$ Anfang $(200^\circ + 50^\circ)$ Ende $(212,5^\circ + 36^\circ)$ $A = 244^\circ\,1',5$
Eschweiler - 4. - $(192^\circ + 55^\circ)$ - $(210^\circ + 35^\circ)$ $f = -0^\circ\,47'$ $f' = +1^\circ\,1'$

$s = 57^\circ\,57',0$ $p = 328^\circ\,11',9$ $S = 14^\circ\,26'$ $\sigma_1 = 112^\circ\,21',8$ $r = 9^m,41$
$s' = 42^\circ\,12',3$ $p' = 320^\circ\,59',1$ $\Sigma = 18^\circ\,49'$ $\sigma_1' = 127^\circ\,43',2$ $r' = 6^m,57$
$\sigma = 64^\circ\,44',3$ $\pi = 330^\circ\;0',4$ $\Pi = 66^\circ\,15',5$ $(\sigma_1 - s) = 54^\circ\,24',8$ $\varrho = 8^m,62$
$\sigma' = 43^\circ\,13',0$ $\pi' = 317^\circ\,59',5$ $(\sigma_1' - s') = 85^\circ\,29',9$ $\varrho' = 5^m,57$

für $O \ldots H = 2^m,57 \pm 0,26\,\varepsilon$ $H' = 0^m,83 \pm 0,03\,\varepsilon$.

Ist identisch mit der Vorigen.

1849. Nov. 12.

24) Bonn N. 3602. $7^h\,32^m\,38^s$ Anfang $(191^\circ + 61^\circ)$ Ende $(181^\circ,7 + 57^\circ,5)$ $A = 247^\circ\,59',2$

Eschweiler - 6. - $(184^\circ + 72^\circ)$ - $(144^\circ + 60^\circ)$ $f = -4^\circ\,20'$ $f' = -0^\circ\,56'$

$s = 69^\circ 55',0$	$p = 334^\circ 21',1$	$S = 54^\circ\ 6'$	$\sigma_1 = 91^\circ 52',0$	$r = 22^m,12$
$s' = 72^\circ 58',6$	$p' = 329^\circ\ 2',3$	$\Sigma = 38^\circ 55'$	$\sigma_1' = 85^\circ 17',5$	$r' = 38^m,66$
$\sigma = 77^\circ\ 9',5$	$\pi = 343^\circ 27',1$	$\Pi = 242^\circ 50',6$	$(\sigma_1 - s) = 21^\circ 57',0$	$\varrho = 20^m,79$
$\sigma' = 92^\circ 20',7$	$\pi' = 330^\circ 56',9$		$(\sigma_1' - s') = 12^\circ 18',9$	$\varrho' = 37^m,09$

für $O \dots H = 9^m,02 \pm 1,09\,\varepsilon$ $H' = 13^m,42 \pm 3,45\,\varepsilon$.

Meteor der 3ten Gröfse, weifs und geschweift. Dauer $0^s,8$.

Nov. 12.

25) Bonn N. 3610. $9^h\,3^m\,20^s$ Anfang $(266^\circ,5 + 37^\circ,5)$ Ende $(270^\circ + 30^\circ)$ $A = 273^\circ\,59',5$

Aachen - 4025. - $(245^\circ + 67^\circ)$ - $(267^\circ + 47^\circ)$ $f = +0^\circ\,34'$ $f' = -0^\circ\,7'$

$s = 35^\circ 34',6$	$p = 349^\circ 45',5$	$S = 5^\circ 24'$	$\sigma_1 = 53^\circ 23',2$	$r = 25^m,61$
$s' = 27^\circ 39',9$	$p' = 352^\circ 32',4$	$\Sigma = 41^\circ 59'$	$\sigma_1' = 51^\circ 58',0$	$r' = 18^m,68$
$\sigma = 67^\circ 28',6$	$\pi = 348^\circ 10',1$	$\Pi = 37^\circ 46',3$	$(\sigma_1 - s) = 17^\circ 48',6$	$\varrho = 18^m,57$
$\sigma' = 42^\circ 27',7$	$\pi' = 352^\circ 56',2$		$(\sigma_1' - s') = 24^\circ 18',1$	$\varrho' = 11^m,01$

für $O \dots H = 9^m,90 \pm 3,86\,\varepsilon$ $H' = 6^m,06 \pm 1,38\,\varepsilon$.

Sternschnuppe der 5ten Gröfse, neblig.

Nov. 12.

26) Bonn N. 3615. $9^h\,25^m\,15^s$ Anfang $(261^\circ + 50^\circ)$ Ende $(255^\circ + 41^\circ)$ $A = 276^\circ\,14',2$

Eschweiler - 29. - $(255^\circ + 25^\circ)$ - $(246^\circ + 39^\circ)$ $f = +8^\circ\,36'$ $f' = +3^\circ\,16'$

$s = 46^\circ 42',0$	$p = 346^\circ 32',6$	$S = 32^\circ 28'$	$\sigma_1 = 131^\circ 33',4$	$r = 5^m,64$
$s' = 40^\circ 28',1$	$p' = 335^\circ\ 5',6$	$\Sigma = 10^\circ 44'$	$\sigma_1' = 80^\circ 45',6$	$r' = 13^m,46$
$\sigma = 28^\circ 21',3$	$\pi = 316^\circ 16',9$	$\Pi = 246^\circ 51',7$	$(\sigma_1 - s) = 103^\circ 12',1$	$\varrho = 6^m,17$
$\sigma' = 43^\circ 24',9$	$\pi' = 325^\circ 17',7$		$(\sigma_1' - s') = 37^\circ 20',7$	$\varrho' = 8^m,85$

für $O' \ldots H = 0^m,42 \pm 0,19\,\varepsilon$ $H' = 1^m,79 \pm 0,98\,\varepsilon$. Zweifelhaft.

Gelbes Meteor der 3ten Gröſse. Dauer $0^s,75$.

Nov. 12.

27) Bonn N. 3629. $11^h\,43^m\,4^s$ Anfang $(283^\circ + 51^\circ,5)$ Ende $(267^\circ + 48^\circ,3)$ $A = 314^\circ\,1',9$

Aachen - 4098. - $(258^\circ + 70\ )$ - $(247^\circ + 47\ )$ $f = -2^\circ\,40'$ $f' = +3^\circ\,20'$

$s = 55^\circ 21',8$	$p = 337^\circ\ 2',6$	$S = 46^\circ 42'$	$\sigma_1 = 104^\circ 43',5$	$r = 12^m,44$
$s' = 60^\circ 53',1$	$p' = 326^\circ\ 8',0$	$\Sigma = 71^\circ 36'$	$\sigma_1' = 106^\circ 31',4$	$r' = 13^m,09$
$\sigma = 76^\circ 30',0$	$\pi = 343^\circ\ 2',2$	$\Pi = 119^\circ 13',9$	$(\sigma_1 - s) = 49^\circ 21',7$	$\varrho = 10^m,58$
$\sigma' = 72^\circ 36',1$	$\pi' = 318^\circ 51',0$		$(\sigma_1' - s') = 45^\circ 38',3$	$\varrho' = 11^m,93$

für $O \ldots H = 4^m,82 \pm 0,18\,\varepsilon$ $H' = 3^m,39 \pm 0,15\,\varepsilon$.

Schöne Sternschnuppe der 2ten Gröſse, rothgelb, geschweift. Dauer $1^s,5$.

1849. Nov. 12.

28) Bonn N. 3635. $11^h 59^m 37^s$ Anfang $(314^\circ + 28^\circ)$ Ende $(316^\circ + 19^\circ)$ $A = 318^\circ 10',9$
Aachen - 4103. - $(309^\circ + 33^\circ)$ - $(306^\circ + 20^\circ)$ $f = +1^\circ 29'$ $f' = +4^\circ 7'$

$s = 25^\circ 43',0$	$p = 351^\circ 27',8$	$S = 0^\circ 59'$	$\sigma_1 = 156^\circ 33',0$	$r = 5^m,13$
$s' = 16^\circ 32',7$	$p' = 352^\circ 43',9$	$\Sigma = 15^\circ 12'$	$\sigma_1' = 155^\circ 57',7$	$r' = 6^m,11$
$\sigma = 31^\circ 35',9$	$\pi = 345^\circ 12',0$	$\Pi = 120^\circ 15',3$	$(\sigma_1 - s) = 130^\circ 50',0$	$\varrho = 5^m,60$
$\sigma' = 21^\circ 2',4$	$\pi' = 326^\circ 28',2$		$(\sigma_1' - s') = 139^\circ 25',0$	$\varrho' = 4^m,27$

für $O \ldots H = 1^m,49 \pm 0,64\, \varepsilon$ $H' = 1^m,19 \pm 0,45\, \varepsilon$.

Sternschnuppe der 4ten Gröfse, gelb und geschweift.

Nov. 12.

29) Bonn N. 3636. $12^h 7^m 39^s$ Anfang $(290^\circ + 53^\circ)$ Ende $(297^\circ,5 + 46^\circ)$ $A = 320^\circ 11',0$
Aachen - 4107. - $(232^\circ + 73^\circ)$ - $(296^\circ + 53^\circ)$ $f = -1^\circ 58'$ $f' = -1^\circ 22'$

$s = 56^\circ 13',8$	$p = 338^\circ 39',3$	$S = 0^\circ 29'$	$\sigma_1 = 166^\circ 49',0$	$r = 2^m,38$
$s' = 47^\circ 42',7$	$p' = 338^\circ 46',2$	$\Sigma = 1^\circ 2'$	$\sigma_1' = 166^\circ 28',8$	$r' = 2^m,60$
$\sigma = 86^\circ 41',0$	$\pi = 342^\circ 59',5$	$\Pi = 73^\circ 3',0$	$(\sigma_1 - s) = 110^\circ 35',2$	$\varrho = 8^m,67$
$\sigma' = 54^\circ 13',0$	$\pi' = 342^\circ 18',6$		$(\sigma_1' - s') = 118^\circ 46',1$	$\varrho' = 8^m,24$

für $= O \ldots H = 0^m,97 \pm 3,14\, \varepsilon$ $H' = 0^m,94 \pm 3,13\, \varepsilon$.

Sternschnuppe der 3ten Gröfse, weifs und geschweift.

Nov. 13.

30) Bonn N. 3665. $9^h 23^m 19^s$ Anfang (257^0+64^0) Ende (250^0+61^0) $A=279^0\,59',2$

Aachen - 4115. - (179^0+78^0) - (182^0+69^0) $f=+0^0\,22'$ $f'=+2^0\,20'$

$s=63^0 38',8$ $p=348^0 59',3$ $S=60^0 28'$ $\sigma_1=89^0 31',1$ $r=22^m,37$

$s'=62^0 40',3$ $p'=344^0 10',4$ $\Sigma=81^0 26'$ $\sigma_1'=88^0 47',9$ $r'=22^m,16$

$\sigma=90^0 35',8$ $\pi=348^0 13',3$ $\Pi=262^0 11',2$ $(\sigma_1-s)=25^0 52',3$ $\varrho=20^m,04$

$\sigma'=91^0 56',2$ $\pi'=339^0 12',7$ $(\sigma_1'-s')=26^0\ 7',6$ $\varrho'=19^m,69$

für $O\ldots H=12^m,97\pm1,03\,\varepsilon$ $H'=11^m,45\pm0,82\,\varepsilon$.

4ter Gröſse, weiſs.

Nov. 19.

31) Bonn N. 3684. $7^h 29^m 44^s$ Anfang $(215^0+61^0,7)$ Ende $(224^0,7+59^0)$ $A=257^0\,25',4$

Aachen - $(112^0+61^0\ )$ - $(130^0\ +63^0)$ $f=-1^0\,28'$ $f'=+1^0\,33'$

$s=67^0\ 4',6$ $p=339^0 41',0$ $S=16^0 26'$ $\sigma_1=73^0 58',0$ $r=78^m,19$

$s'=61^0 51',2$ $p'=341^0 35',8$ $\Sigma=29^0\ 7'$ $\sigma_1'=70^0 53',6$ $r'=58^m,70$

$\sigma=111^0\ 3',0$ $\pi=342^0 51',0$ $\Pi=60^0 28',4$ $(\sigma_1-s)=6^0 53',4$ $\varrho=74^m,94$

$\sigma'=103^0 36',7$ $\pi'=338^0 13',4$ $(\sigma_1'-s')=9^0\ 2',4$ $\varrho'=54^m,77$

für $O\ldots H=39^m,02\pm29,15\,\varepsilon$ $H'=29^m,09\pm15,82\,\varepsilon$.

Ein groſses prachtvoll grünes Meteor mit lange verweilender weiſser Schweiſspur. Es erhellte Himmel und Erde wie ein Blitz, und dauerte höchstens 2^s. — Der Lage wegen ist obiges Resultat sehr unsicher.

1850. Aug. 10.

32) Bonn N. 3921. $10^h\,7^m\,14^s$ Anfang $(0^\circ + 25^\circ)$ Ende $(352^\circ + 14^\circ)$ $A = 197^\circ\,7',1$

Aachen - 4420. - $(5^\circ + 16^\circ)$ - $(355^\circ + 5^\circ)$ $f = -0^\circ\,31'$ $f' = -3^\circ\,23'$

$s = 147^\circ 48',0$	$p = 30^\circ\ 2',3$	$S = 29^\circ 55'$	$\sigma_1 = 157^\circ 39',1$	$r = 21^m,69$
$s' = 150^\circ\ 4',5$	$p' = 55^\circ 39',1$	$\Sigma = 21^\circ 30'$	$\sigma_1' = 157^\circ 16',1$	$r' = 30^m,12$
$\sigma = 157^\circ 52',8$	$\pi = 32^\circ 24',1$	$\Pi = 226^\circ 44',8$	$(\sigma_1 - s) = 9^\circ 51',1$	$\varrho = 30^m,40$
$\sigma' = 150^\circ\ 4',5$	$\pi' = 71^\circ\ 2',3$		$(\sigma_1' - s') = 7^\circ 11',6$	$\varrho' = 38^m,88$

für $O \ldots H = 11^m,71 \pm 3,21\,\varepsilon$ $H' = 14^m,95 \pm 5,05\,\varepsilon$.

Diese 32 Bestimmungen führen in allen Beziehungen zu denselben Resultaten, welche auch in den astr. Nachrichten N. 381. gefunden worden sind. Sie bestätigen aufs Neue die großen Höhen, in denen die Meteore leuchtend sich bewegen, und den Umstand, daſs auch nach diesen Untersuchungen, als unzweifelhaftes Ergebniſs der Rechnung, keine Sternschnuppe am Ende ihrer Bahn weiter von der Erdoberfläche entfernt war, als am Anfange derselben. — Betrachten wir zunächst die kleinsten Quantitäten f und f', welche erforderlich sind, um der Bedingung der Gleichzeitigkeit zu genügen, so finden wir, daſs vorkömmt

f oder f' zwischen	0°	und	1°	= 21	Mal
-	1°	-	2°	= 11	-
-	2°	-	3°	= 9	-
-	3°	-	4°	= 10	-
-	4°	-	5°	= 4	-
-	5°	-	6°	= 4	-
-	6°	-	7°	= 3	-
-	7°	-	8°	= 1	-

Hieraus erhellt deutlich, daſs in den bei Weitem meisten Fällen sehr geringe Aenderungen zwischen 0° und 1° genügen werden, um die von der Methode gestellten Bedingungen zu erfüllen. Da aber die Fehler in der Positionsbestimmung der Anfangs- und Endpunkte der Meteorbahnen oben zwischen 1 und 2° gefunden oder angenommen wurden, so zeigt sich wenigstens, daſs im Durchschnitt recht gut beobachtet worden ist, indem Fehler von mehr als 4° nur selten vorkommen. Bei andern Beobachtungen hatte Herr Heis zwar die Identität angedeutet oder genügend bestätigt gefunden. Bei diesen rechnete ich sodann nur bis f und f', und gab die Rechnung auf, wenn diese Quantitäten 10° und mehr überschritten. Man darf indessen so groſse Abweichungen keineswegs immer den Beobachtungen zur Last legen. Sind die beiden Stationen viele Meilen von einander entfernt, so ist es denkbar, daſs physische Eigenthümlichkeiten des Meteores selbst, eine völlige Gleichzeitigkeit in der Erscheinung zu beobachten, verhindern, ein Umstand, auf den Heis mich wiederholt aufmerksam gemacht hat, nachdem er Andeutungen davon in unsern Beobachtungen zwischen Bonn und Aachen gefunden hatte.

Immer bildet aber die Gröſse von f und f' ein Criterium für die Sicherheit des Resultates, wenn gleich es nicht möglich ist zu entscheiden, in welcher Weise und durch welche Ursache der Fehler sich geäuſsert habe. Zeigen sich f und f' sehr groſs, so kann das Resultat überhaupt kein Zutrauen erwecken, während der Betrag der gröſstmöglichsten Unsicherheit in H und H' oder in r und r', von der Lage der Meteorbahn gegen die Standlinie abhängt. Um hierüber ein Beispiel zu geben, erinnere ich an das groſse Feuermeteor vom 19. August 1847, für welches Herr Petit, Director der Sternwarte zu Toulouse, einen wirklichen Kegelschnitt berechnet, und die Resultate theils in den Comptes rendus, theils in den Astr. Nachr. N. 701. bekannt gemacht hat. Nehme ich die in der „Note sur le bolide du 19. août 1847" gedruckten Angaben für richtig an, so finde ich nach gehöriger Combination der von den Herren Nell de Bréauté zu Dieppe und Guibourt zu Paris angestellten Beobachtungen, die folgenden enormen Quantitäten, $f = +18^\circ 22'$ $f' = -19^\circ 2'$. Nichts destoweniger habe ich die Rechnung durchgeführt, und gelangte zu dem Resultate ... $H = 31^m,14 \pm 4,53\,\varepsilon$. $H' = 12^m,32 \pm 0,21\,\varepsilon$.

Hier lag die Bahn günstig gegen die Beobachter, so dafs Fehler in den Positionen der sehr grofsen Entfernungen wegen keinen erheblichen Einflufs äufsern konnten. Man wird aber zugeben, dafs es höchst bedenklich sei, unter diesen Umständen eine Untersuchung darüber anzustellen, ob das Meteor eine Bahn um die Erde beschrieben habe, ob es aus der Region der Fixsterne gekommen sei, und wie die Störungen gewesen seien, durch welche die Bahn in der Nähe der Erde verändert wurde. Statt einer weiteren Erörterung dieses Gegenstandes verweise ich hier auf die treffliche Erwiederung des berühmten Le Verrier (Compt. Rend. XXXII. p. 561 ff.), der seine „Remarques à l'occasion de la dernière communication de M. Petit sur les bolides", mit den Worten schliefst:

„En résumé, l'incertitude des observations faites sur la marche „des bolides permet toutes les hypothéses. Rien n'autorise „jusqu'ici, à s'arrêter de préférence à celle qui ferait de tel „ou tel bolide un satellite de la Terre; et c'est, au contraire, „la seule que les circonstances physiques du phénomène pa„raissent exclure."

In dem Verzeichnisse der berechneten senkrechten Höhen der Meteore über der Erdoberfläche kommen mehrere Beispiele vor, in denen $H' > H$ ist, d. h., dafs Meteore sich am Ende ihrer sichtbaren Bahn von der Erde wieder entfernt haben. Ueber diesen Punkt ist seit Chladni's Zeiten viel gestritten worden, bis Bessel in der mehrerwähnten Abhandlung nachwies, was von solchen Resultaten zu halten sei. Die Bestimmung des Einflusses, den ein Beobachtungsfehler von ε Graden auf die Entfernung r oder die Höhe H ausüben kann, lehrt die Gränzen der gröfstmöglichsten Unsicherheit des Resultates kennen, wenn angenommen wird, dafs alle, an beiden Stationen begangenen Beobachtungsfehler, sich anhäufend, nach einer Seite hin gewirkt haben. Bei Betrachtung der oben mitgetheilten Werthe von H und H', mufs man also die beigefügten Factoren von ε nicht so auffassen, als bezeichneten sie direct, nach Art der mittleren oder wahrscheinlichen Fehler, die Sicherheit der ermittelten Höhen. Die Wahrscheinlichkeit, dafs bei einer Beobachtung eines Meteors, sich alle Fehler auf einer Seite summirt haben, ist sehr gering, und es kommen nothwendig viele Fälle vor, in denen sie sich theilweis, Einige, in denen sie sich ganz aufheben. Verweilen wir noch bei den scheinbar aufsteigenden Meteoren, und ermitteln die gröfstmöglichste Unsicherheit, wenn wir für den Anfang der Bahn $\varepsilon = 2^0$ für das Ende $\varepsilon = 1^0$ annehmen, so haben wir:

N. 2.	$H = 9^m,2 \pm 5^m,2$	$H' = 10^m,0 \pm 1^m,2$
N. 3.	- = 17,3 ± 6,9	- = 24,6 ± 12,1
N. 10.	- = 17,9 ± 3,5	- = 18,9 ± 2,3
N. 13.	- = 7,8 ± 0,3	- = 10,3 ± 0,3
N. 14.	- = 8,7 ± 2,8	- = 17,0 ± 3,9
N. 19.	- = 8,9 ± 3,0	- = 28,6 ± 19,4
N. 24.	- = 9,0 ± 2,1	- = 13,4 ± 3,4
N. 26.	- = 0,4 ± 0,4	- = 1,8 ± 1,0
N. 32.	- = 11,7 ± 6,4	- = 14,9 ± 5,0

Da ε nach jeder Richtung hin, also positiv oder negativ gewirkt haben kann, so setze ich für den Anfang der Bahn $+\varepsilon$ für das Ende aber $= -\varepsilon$. Dann verwandeln sich diese steigenden Bahnen in folgende:

N. 2.	$H = 14^m,4$	$H' = 8^m,8$
N. 3.	- = 24,2	- = 12,5
N. 10.	- = 21,4	- = 16,6
N. 13.	- = 8,1	- = 10,0
N. 14.	- = 11,5	- = 13,1
N. 19.	- = 11,9	- = 9,2
N. 24.	- = 11,1	- = 10,0
N. 26.	- = 0,8	- = 0,8
N. 32.	- = 18,1	- = 9,9

Jetzt haben, mit Ausnahme von N. 13. 14. und 26. alle Bahnen eine Neigung im umgekehrten Sinne gegen die Erdoberfläche angenommen, indem nun $H' < H$ geworden ist.

Bei den 3 Ausnahmen braucht man ε nur etwas gröfser anzunehmen, um das Steigen in ein Sinken zu verwandeln. Man übersieht aber leicht, wie viel dazu gehört, wie genau die Beobachtungen, unterstützt durch günstige Nebenumstände sein müssen, bis man eine wirklich aufsteigende Sternschnuppe durch Rechnung ganz unzweifelhaft nachweisen kann. Wir kommen sonach zu dem Schlusse, dafs die seitherigen Untersuchungen die Ansicht nicht unterstützen, dafs Meteore in die Höhe steigen können. Die Anwendung der Besselschen Methode ist etwas mühsam, und erfordert viel Zeit. Will man sich mit genäherten Bestimmungen begnügen, so leistet die von Heis angegebene Methode sehr gute Dienste. Des Vergleichs wegen setze ich einige von Heis ermittelte Höhen her, die an der Aachener Himmelskugel und anderweitig construirt wurden.

	Berechnet nach Bessels Methode		Construirt von Heis nach seiner Methode	
N. 2873.	$H = 25^m,88 \pm 38,88\,\varepsilon$	$H' = 4^m,19 \pm 2,56\,\varepsilon$	$H = 24^m$	$H' = 7^m$
- 3286.			- $= 12,0$	- $= 9,5$
- 3291.	- $= 9,20 \pm 2,61\,\varepsilon$	- $= 10,00 \pm 1,24\,\varepsilon$	- $= 7,25$	- $= 7,25$
- 3293.	- $= 17,28 \pm 3,43\,\varepsilon$	- $= 24,60 \pm 12,62\,\varepsilon$	- $= 17$	- $= 17$
- 3343.	- $= 44,51 \pm 12,98\,\varepsilon$	- $= 16,56 \pm 2,30\,\varepsilon$	- $= 47$	- $= 18$
- 3362.	- $= 24,08 \pm 2,98\,\varepsilon$	- $= 18,48 \pm 1,22\,\varepsilon$	- $= 23$	- $= 15$
- 3921.	- $= 11,71 \pm 3,21\,\varepsilon$	- $= 14,95 \pm 5,05\,\varepsilon$	- $= 11$	- $= 10$
- 3968.	-		- $= 20$	- $= 14$ [1])
	-		- $= 20$	- $= 4,5$ [2])

[1]) Dies war eine grofse Feuerkugel am 10. August 1850, von der ich in Bonn nur den rothen Blitzschein am Horizonte hinter einer Wolke bemerkte. Das Meteor wurde nach einer gefälligen Mittheilung des Herrn Coulvier-Gravier auch in Paris gesehen. Heis combinirte die correspondirende Aachener Beobachtung mit der des Herrn R. Wolf in Bern.

[2]) Ist ein in Aachen und Neunkirchen beobachtetes helles Meteor, am 10. August 1849.

Vergleicht man die Resultate beider Methoden, so zeigt sich, dafs die Angaben der graphischen Construction überall innerhalb der Gränzen der gröfstmöglichsten Fehler liegen, wenn man ε auch nur zu resp. 2° und 1° annimmt. Hat man einmal eine zweckmäfsige Einrichtung, und ist man geübt in solchen Constructionen, so ist sie gewifs sehr bequem und hinreichend sicher, so lange Beobachtungen behandelt werden, bei denen noch Fehler von etlichen Graden zu befürchten sind. Will man aber irgend eine Folgerung aus den gefundenen Bahn-Höhen und Längen, oder den Geschwindigkeiten ziehen, so ist eine schärfere Kritik nothwendig, und diese wird man meistens lieber direct auf dem Wege der Rechnung als dem der Construction suchen wollen.

Wären die an beiden Stationen *O* und *O'* gemachten Positionsbestimmungen völlig genau, so müfsten die Werthe der senkrechten Höhen *H* und *H'* gänzlich übereinstimmen, jenachdem man sie aus den zu *O* oder aus den zu *O'* gehörigen Dreiecken berechnet. In der Wirklichkeit findet dies nun nicht statt, und man wird immer gröfsere oder kleinere Abweichungen antreffen. Ein am Orte *O* begangener Fehler hat z. B. auf *H* einen sehr geringen, auf *H'* aber einen sehr erheblichen Einflufs, während die in *O'* begangenen Fehler im umgekehrten Sinne, oder überhaupt anders wirken. — Beispiele von guter Uebereinstimmung sind viele vorgekommen. Ich führe hier nur das Folgende an:

1849. Nov. 11. N. 3555. $H = 12^{m},99$ aus *O* $H' = 11^{m},27$
$H = 13^{m},07$ - *O'* $H' = 11^{m},34$

Jeder Zweifel über die grofsen Höhen der Meteore von 10 bis 30 Meilen kann nach diesem endlich wohl beseitigt werden. Aber es scheint kaum noch von Nutzen, Untersuchungen über diesen Gegenstand in der ehemaligen auch von uns befolgten Weise anzustellen, wenn man sich nicht entschliefst, nach Bessels und Anderer Vorschlag die Meteore von Drei günstig gelegenen Stationen aus, gleichzeitig zu beobachten. Heis und ich haben trotz aller Bemühungen gerade diesen Plan nicht ausführen können. Für einen gegen Bonn und Aachen zweckmäfsig gelegenen Punkt haben wir bisher keinen Beobachter gefunden, und die Entfernung der Städte Hamburg, Bremen, Frankfurt, Bern etc. ist für solche Untersuchung jedenfalls schon viel zu grofs.

Geschwindigkeit der Meteore.

Bei dem Vorhaben, nach einem neuen und guten Plane einige Jahre lang zu verabredeten günstigen Zeiten die Meteore gleichzeitig in Bonn und Aachen zu beobachten, hatten wir, Heis und ich, besonders auf eine schärfere Bestimmung der Bahngeschwindigkeit gerechnet. Wir haben Schätzungen über die Dauer der Sichtbarkeit gemacht, und unsere beobachteten Positionen mit der gröfsten Schärfe in die Sterncharten eingetragen. Nachdem ich die oben mitgetheilten Rechnungen über H und H' beendet hatte, untersuchte ich nach den von Bessel entwickelten Formeln die Einflüsse des Fehlers ε auf r r' und die anderweitig zu bestimmende Bahnlänge des Meteors, um eine Ansicht darüber zu gewinnen, wie grofs die von der Aenderung der Bahnlänge abhängige Aenderung der relativen Meteorgeschwindigkeit ausfallen werde, wenn ich die beobachtete Dauer der Erscheinung als richtig und constant betrachtete. Die ältern Beobachtungen von Brandes und Benzenberg ergeben die relativen Geschwindigkeiten planetarisch zu 4—9 Meilen in der Secunde. Unsere rheinischen Beobachtungen führen aber auf Zahlen, welche diese meist erheblich übertreffen, und oft enorm werden, so dafs sie alle Wahrscheinlichkeit verlieren. Eine nähere Betrachtung der gröfstmöglichsten Aenderung der Bahnlänge unter Anwendung verschiedener zulässiger Werthe von ε, auf die Geschwindigkeit, hat mir die Resultate unserer Bemühungen als ganz illusorisch erscheinen lassen, so dafs ich es vorziehe, alte Ungewifsheiten nicht durch neue schwankende Angaben zu vermehren. Es sind sehr grofse Schwierigkeiten zu überwinden, ehe man zur genügenden Kenntnifs der relativen Meteorgeschwindigkeiten gelangen wird. Diese ist aber nur auf dem Wege der sorgfältigsten Beobachtungen zu erwarten, und neue wesentliche Aufschlüsse über die kosmischen Verhältnisse der Meteore sind kaum eher zu hoffen, als bis man diese schwierige Frage gelöst hat. Es kömmt Alles darauf an, dafs diese

Untersuchung nur von vollständig geübten und durchaus zuverlässigen, beharrlichen Beobachtern geführt werde. Die Schwierigkeit eines Problems, und die zeitweilige Unsicherheit der numerischen Resultate geben keinen Grund und keine Entschuldigung für die Vernachlässigung oder Ignorirung desselben. In der grofsen Reihe kosmischer Phänomene wird einst noch das Problem von den Meteoren die ihm gebührende Stelle einnehmen, welche es bis jetzt nicht hat erreichen können.

Convergenzpunkte.

Schon Brandes hatte am Anfange dieses Jahrhunderts die auffallend parallele Richtung zahlreicher Meteorbahnen derselben Nacht bemerkt, aber erst die grofse Erscheinung vom November 1833 führte zu der Kenntnifs, dafs in solchem periodischen Meteorstrom alle rückwärts verlängerten scheinbaren Bahnen von einem Punkte auszugehen scheinen. Dieser Punkt wird der Convergenzpunkt genannt [1]). Er bleibt ungeachtet der Höhen und Azimuthveränderung des Gestirns, in dessen Nähe er sich befindet, unverrückt an seiner Stelle, und ist sonach von der Rotation der Erde unabhängig, und weit aufserhalb ihr liegend. Alle leuchtenden Meteorbahnen, die wir beobachten, sind die Projectionen der Wahren an der Sphäre des Himmels. Ihre rückwärts gehende Verlängerung läuft bei an sich paralleler Lage im Raum, nach der Wirkung der Perspective in einen Punkt zusammen. Der erste Convergenzpunkt, den man kennen lernte, lag (November) im Sternbilde des Löwen, nahe bei dem Sterne γ. Später erkannte man im Laurentiusstrom (August) einen andern Ausgangspunkt der Meteore zwischen dem Stier und Perseus. In neuester Zeit hat Heis mit Bestimmtheit andere, bis dahin unbekannte Convergenzpunkte aus seinen und zum Theil aus meinen Beobachtungen nachgewiesen. Wenn gleich

[1]) Richtiger „Radiationspunkt". Der Convergenzpunkt liegt eigentlich von diesem 180° an der Himmelssphäre entfernt.

es fest steht, dafs im ehemaligen Novemberphänomen die Sternschnuppen überwiegend häufig aus dem Löwen, im Laurentiusstrom aber vorwiegend aus dem Perseus und der Cassiopea ausgegangen sind, so mufs man nicht glauben, dafs diese Erscheinung nur an den bezeichneten Tagen stattfinde. Zu sehr verschiedenen Zeiten des Jahres sieht man Sternschnuppen vom Augustconvergenzpunkte ausgehen, aber äufserst selten von dem im Löwen. Von den zahlreichen Meteoren, die ich in den Nächten des 10—13. November 1849 beobachtete, kamen nur 2 aus der Gegend von γ Leonis, während andere Convergenzpunkte wie gewöhnlich vertreten waren. — Nach Allem, was ich aus dieser Classe von Erscheinungen gesehen habe, kommen bei weitem die meisten Sternschnuppen aus der Gegend des Perseus und der Cassiopea; dasselbe findet man durch Heis Untersuchungen a. a. O. bestätigt, was uns aber keineswegs zu der Annahme veranlafst, dafs der so berühmt gewordene Novemberstrom gegenwärtig ausgeblieben, oder in den October zurückgegangen sei, wie neuerdings mehrfach behauptet worden ist.

Es ist sehr wichtig, auf die möglichst scharfe Bestimmung aller Convergenzpunkte, die nachzuweisen sind, grofse Sorgfalt zu verwenden. Vielleicht mehr als alle andern Erscheinungen führen sie einst zu der bis jetzt noch wenig befriedigend gelösten Frage nach den wahren Beziehungen der Meteore zu unserer Planetenwelt, oder — vielleicht, zu unserer Erde. Von dieser Ansicht ausgehend, habe ich viele Bahnen in die Sterncharten eingetragen, die mit allem Detail in diesen Blättern mitgetheilt werden, damit es der Zukunft möglich werde, aus dem Materiale früherer Zeiten, mit ihren Mitteln und Kenntnissen Resultate zu erzielen, welche uns der Neuheit und Schwierigkeit des Gegenstandes wegen, derzeit noch verborgen bleiben, und ich kann nur wünschen, dafs auch andere Beobachter ihre Angaben sichern, indem es nicht schwer halten wird, sie etwa in den Werken und Journalen bekannt zu machen, welche die Mittel besitzen, zahllose meteorologische und magnetische Beobachtungen der Zukunft durch den Druck zu überliefern.

Wenn jeder periodisch wiederkehrende Strom, in welchem die Meteore parallel nebeneinander hinziehen, zur Zeit seiner Sichtbarkeit stets dieselbe Richtung gegen die Erde hätte, so würde sein perspectivischer Convergenzpunkt am Himmel seinen Ort nicht verändern. Nothwendig wirken aber unaufhörlich auf den Meteorstrom störende, bahnverändernde planetarische Kräfte, von denen die der Anziehung der Erde sehr grofs werden kann. Ist aber ein Meteorstrom, der frei im Himmelsraume kreisend, sich zuweilen der Erde bis auf ein Geringes nähert, solchen Störungen unterworfen, so müssen im Laufe der Zeiten diejenigen seiner Glieder, die wir leuchtende Bahnen am Himmel beschreiben sehen, auch eine Veränderung des Convergenzpunktes verrathen. Um zu erfahren, ob die wenigen Beobachtungen, die wir über den von Heis mit A bezeichneten Ausgangspunkt im Perseus besitzen, solche Variation andeuten, stellte ich die folgenden Angaben zusammen [1]).

1837. A am	10. Aug.	AR=37°,3	δ=+57°,3	46	Beob. in	Berlin
1839.	9. -	44,9	50,2	50	-	-
1839.	10. -	43,9	52,4	48	-	-
1839.	11. -	38,5	51,0	43	-	-
1839.	10. -	34,9	55,6	75	-	Königsberg
1839.	11. -	35,1	55,3	74	-	-
1837.	10. -	41,8	51,9	200	-	Breslau
1841.	10. -	45,0	51,0	27	-	Aachen
1842.	9. -	42,0	52,0	42	-	-
1842.	10. -	40,0	50,0	52	-	-
1842.	11. -	50,0	54,0	61	-	-
1844.	9. -	50,0	52,0	22	-	-
1847.	11. -	60,0	50,0	162	-	-
1847.	10. -	45,0	53,0	75	-	-
1848.	29. Juli	20,0	60,0	19	-	-
1848.	4. Aug.	58,0	58,0	18	-	Aachen u. Bonn
1848.	9. -	47,0	53,0	37	-	- -

Der gröfste Unterschied in AR ist hier = 30° und in δ = 10°, oder um alles in demselben Maafse auszudrücken, in AR = 30°

[1]) Vergl.: sur les étoiles filantes périodiques du mois d'août etc. par M. Houzeau (présenté à la séance de l'académie roy. de Bruxelles. du 3. août 1844).

cos 55° = 17°. Eine regelmäfsige Curve läfst sich durch diese Werthe nicht legen. Obgleich ich selbst kein praktisches Urtheil über die zu erreichende Genauigkeit des Convergenzpunktes habe, jenachdem man ihn berechnet, oder durch Construction auf dem Globus findet, so ist mir doch hinlänglich bekannt, dafs abgesehen von Beobachtungsfehlern, die einzelnen Meteorbahnen oft sehr von der allgemeinen Richtung abweichen. Dies kann im Grunde auch nicht befremden, wenn man erwägt, dafs eine ursprünglich parallele Richtung der Meteorbahnen bei den der Erde Näheren, durch die Anziehung unsers Planeten stärker als die der Entfernteren verändert werden mufs.

Nimmt man einfach, aber mit Rücksicht auf die Zahl der Beobachtungen ein Mittel aus obigen Angaben, so folgt für A:

$$1844{,}6. \quad AR = 44^\circ{,}5 \quad \delta = +52^\circ{,}6.$$

Die Vergleichung dieses Mittels läfst folgende Abweichungen der einzelnen Angaben von ihm übrig:

1837.	in AR =	+ 7°,2	in δ =	— 4°,7	46	Beob.
1839.	-	+ 2,7	-	+ 0,7	50	-
1839.	-	— 0,4	-	+ 2,4	48	-
1839.	-	+ 0,6	-	+ 0,2	43	-
1839.	-	+ 6,0	-	+ 1,6	75	-
1839.	-	+ 9,6	-	— 3,0	74	-
1839.	-	+ 9,4	-	— 2,7	200	-
1841.	-	— 0,5	-	+ 1,6	27	-
1842.	-	+ 2,5	-	+ 0,6	42	-
1842.	-	+ 4,5	-	+ 2,6	52	-
1842.	-	— 5,5	-	— 1,4	61	-
1844.	-	— 5,5	-	+ 0,6	22	-
1847.	-	— 15,5	-	+ 2,6	162	-
1847.	-	— 0,5	-	— 0,4	75	-
1848.	-	+ 24,5	-	— 7,3	19	-
1848.	-	— 13,5	-	— 5,4	18	-
1848.	-	— 2,5	-	— 0,6	37	-

Verbindet man jetzt ebenfalls mit Rücksicht auf die Zahl der Beobachtungen, die einzelnen Angaben zu Jahresmitteln, so ergiebt sich:

1837.	im August	in AR =	+ 4°,8	in δ =	— 1°,9	96	Beob.
1839.	-	-	+ 6,9	-	— 1,2	440	-
1841.	-	-	— 0,5	-	+ 1,6	27	-
1842.	-	-	0,0	-	+ 0,5	155	-
1844.	-	-	— 5,5	-	+ 0,6	22	-
1847.	-	-	— 10,7	-	+ 1,6	237	-
1848.	-	-	+ 1,7	-	— 3,5	74	-

Es hat nicht den Anschein, als ob hier ein bestimmter Gang angedeutet sei. Liefert die spätere Zeit sehr zahlreiche Angaben der Art, so wird es gut sein, alle Resultate weit auseinanderliegender Jahre einer sorgfältigen Discussion zu unterwerfen, was jetzt noch nicht an der Zeit ist. — Schliefse ich Juli 29. und Aug. 4. aus, weil doch möglicherweise diese Tage ihren besondern Convergenzpunkt haben können, und betrachte nur die von Heis ermittelten Werthe für A, welche lediglich für den Laurentiusstrom gelten sollen, so finde ich das Mittel

$$AR = 50°,3 \quad \delta = +51°,5 \quad 478 \text{ Beob.}$$

Die Mittelbahnen, welche Heis selbst nach seiner Methode gefunden hat, geben

$$AR = 50 \quad \delta = 51$$

was so gut wie völlig übereinstimmt. Die AR von A aus den Beobachtungen von 1837 und 39 ist durchschnittlich kleiner, die Decl. von A gröfser.

Setze ich nun voraus, dafs der Convergenzpunkt A sich nicht im Laufe der Jahre verändert habe, und schliefse wiederum aus dem schon angeführten Grunde Juli 29. und Aug. 4. aus, so finde ich, wenn ich obiges Mittel mit den einzelnen Jahresangaben der Beobachtungen von Heis vergleiche, Folgendes:

Quadratsumme d. übrigbleibenden Fehler (AR′—AR) cos δ = 133,22
- - - - (δ′—δ) = 16,00

Mittlerer Fehler einer Angabe etwa ±4°,4 in AR; u. ±1°,5 in Decl.
wahrscheinl. Fehler des Mittels - ±1°,0 - ±0°,3 -

alles unter der Annahme, dafs der Convergenzpunkt seinen Ort am Himmel zwischen 1841 und 1848, nicht verändert habe, und die Abweichungen nur als Beobachtungsfehler betrachtet werden. Man kann also vorläufig für den Ausgangspunkt A der meisten Meteore des Augustphänomens (und auch anderer Tage im Jahre) annehmen.

A ... 1844, 6 in AR = 50°,3 ± 1°,0 in Decl. = 51°,5 ± 0°3 [1]).

Unzweifelhaft bezeichnen Heis Arbeiten aufser den seither bekannten Convergenzpunkten im Löwen und Perseus noch Andere, welche ich hier, obgleich sie Heis in seinem Werke bereits angeführt hat, doch wiederholt übersichtlich zusammenstellen werde.

I. Convergenzpunkte im August.

A ...	AR = 50°	δ = + 51°	im Perseus
B ...	- 302	- + 65	im Drachen
N ...	- 337	- + 86	am Nordpol.

II. Convergenzpunkte im October.

A ...	AR = 20°	δ = + 42°	in Andromeda
F ...	- 75	- + 40	im Fuhrmann
E ...	- 330	- + 50	in der Eidechse.

III. Convergenzpunkte im November.

P ...	AR = 37°	δ = + 39°	im Perseus
C ...	- 8	- + 56	in Cassiopea
D ...	- 280	- + 51	im Drachen
L ...	- 150	- + 28	im Löwen

IV. Convergenzpunkte im December.

L ...	AR = 115°	δ = + 55°	im Luchs
A ...	- 25	- + 40	in Andromeda
N ...	- 10	- + 84	am Nordpol.

Diese 13 Convergenzpunkte gehören den 4 sicher constatirten periodischen Meteorerscheinungen im August, October, November und December an. Zahlreiche sporadische Sternschnuppen gehen zu diesen Zeiten von unbekannten Punkten aus. Nicht wenig auffallend ist es aber, dafs in allen 4 Perioden die Meteore zum

[1]) Dieser Punkt (A) liegt im Perseus so, dafs er mit den Sternen α und γ Perseï ein rechtwinkliges Dreieck bildet, in welchem der Winkel bei A = 90°.

großen Theil von Stellen des Himmels ausgehen, die die Nachbarschaft des Perseus bilden.

Es sind dies die Punkte:

I. A	AR 50°	δ +51°	Perseus	(August)
II. A	20	+42	Andromeda	(October)
II. F	75	+40	Fuhrmann	(October)
III. P	37	+39	Perseus	(November)
III. C	8	+56	Cassiopea	(November)
IV. A	25	+40	Andromeda	(December)

Legt man durch diese Punkte eine verbindende krumme Linie, so umschreibt sie am Himmel einen Raum, dessen Ausdehnung in AR = 67°, in δ = 17° ist. Jene Linie zieht, wenn ich östlich beginne, von dem Sterne η Aurigae über λ und A Perseï, φ Andromedae, α Cassiopeae, ν Andromedae, ω Perseï, ε Perseï bis wieder zu η Aurigae. Das Mittel der obigen Zahlen ist AR = 36° und δ = + 45° auf dem Wege zwischen α Perseï und γ Andromedae, diesem letzteren Sterne näher.

Drei andere Convergenzpunkte im August, October und November, liegen in gerader Aufsteigung (AR) im Mittel um 260° weiter östlich als die Mitte der ersten Gruppe, haben aber nahezu dieselbe Declination (δ). Diese 3 sind

B ...	AR = 302°	δ = + 65°	Aug.
E ...	330	+ 50	Octob.
D ...	280	+ 51	Nov.
Mitte	304°	+ 55°	

Dieser Punkt liegt im Schwan. Man kann durch Verbindung der 3 Oerter einen ungefähr elliptischen Raum begränzen, an dessen Umfang die 3 Ausgangspunkte B, E, D liegen.

Für den Nordpolconvergenzpunkt hat man AR=337° δ+86°(Aug.)
= 10 +84 (Dec.)

Der Unterschied in AR ist 33°, in der Wirklichkeit aber auf den größten Kreis reducirt, 33° cos 85° = nahe 3°, der Unterschied in δ = 2°, so daß man wohl beide als identisch betrachten kann.

Jetzt sind noch zwei wie es scheint, isolirte Punkte übrig, von denen der Eine (Dec.) AR 115° δ + 55° im Luchs, der Andere (Nov.) AR 150° δ + 28° im Löwen liegt.

Ordnen wir die Regionen des Himmels, in deren Raum die verschiedenen Convergenzpunkte derselben Gruppe liegen, nach der geraden Aufsteigung, so haben wir:

(A) ... AR =	36°	$\delta = +45°$	Perseus
(B) ...	115	+55	Luchs
(C) ...	128	+28	Löwe
(D) ...	304	+55	Schwan
(E) ...	353	+85	kl. Bär.

Durch diese Zahlen sollen also nur die mittleren Regionen bezeichnet werden, um welche herum die bis jetzt ermittelten Convergenzpunkte ihre Lage haben. Ohne Zweifel wird man in Zukunft die Zahl dieser Punkte vermehren, und es wird dann von Interesse sein zu untersuchen, welche Curven die einzelnen Oerter so verbinden, dafs sich eine bestimmte Beziehung zu dem Planetensysteme entdecken läfst. Bis jetzt bleibt auch hierin Alles dunkel, und nur neue sehr zahlreiche und sehr zuverlässige Beobachtungen sind es, die einzig zum Ziele führen werden.

Ueber die Verwendung der Meteorbeobachtungen zur Bestimmung von Meridiandifferenzen.

Bekanntlich ist die Idee, aus gleichzeitigen Beobachtungen identischer, von zweien Stationen aus gesehener Meteore, den Längenunterschied der beiden Orte zu finden, keine neue. Benzenberg schrieb darüber im Jahre 1800 seine Dissertation „De determinatione longitudinis geographicae per stellas transvolantes, und behandelte 1802 denselben Gegenstand in seiner Schrift: die Bestimmung der geographischen Länge durch Sternschnuppen". In diesem Buche bespricht er die verschiedenen Methoden des wichtigen Problems der Längenbestimmung, vergleicht einige der damals bekannten Resultate der astronomischen und geodätischen Beobachtungen, und schlägt dann vor, an 2 von einander nicht allzuweit entfernten Orten, deren Meridiandifferenz man kennen will, die Verschwindungsmomente der Sternschnuppen nach Uhren zu bestimmen, deren Gang und Stand gegen die betreffende Ortszeit durch andere Beobachtungen zu ermitteln ist. Benzenberg ist wohl der Erste gewesen, der diesen, schon früher von George Lynn geäufserten Gedanken wissenschaftlich auszuführen beabsichtigte. In seiner Schrift indessen finden sich keine Beobachtungen, und die ganze Folgezeit hat Nichts geliefert, was im Stande wäre, für diese Methode ein günstiges und gegründetes Vorurtheil zu erwecken.

Zunächst entstehen die Fragen, wie genau lassen sich die Verschwindungsmomente der Sternschnuppen beobachten, und welche Criterien giebt es, um bei grofsen Entfernungen der Stationen O und O' die Identität der Meteore auf anderm Wege als dem der Zeitcoïncidenz, nachzuweisen?

Was den ersten Punkt betrifft, so habe ich mich 2mal bemüht, hierüber durch Beobachtungen etwas Sicheres zu erfahren, zuerst im August 1842 auf der Hamburger Sternwarte, und dann, 9 Jahre später, im August 1851 auf der Sternwarte zu Königsberg. Die Resultate beider Beobachtungsreihen werde ich zuerst mittheilen.

I. 1842. Aug. 9. 10. 11. Auf der Hamburger Sternwarte beobachtete ich in Gesellschaft mit den Herren Dir. Rümker, Weyer, Funk und Götze. Wir hatten alle gute Chronometer, genaue Zeitbestimmungen, und geeignete Räumlichkeiten, um beliebige Theile des Himmels gleichzeitig beobachten zu können. — Ich setze überall nur die Differenz der Angaben von je zweien Beobachtern her.

1) Beobachtungen von Funk und Götze.

(F—G)	(F—G)
$-0^s,8$	$-0^s,8$
$-0,3$	$+0,2$
$-0,8$	$-2,2$
$-1,3$	$-1,7$
$+0,2$	$+0,2$
$-1,3$	$-0,3$

Das Mittel (F — G) ist = $-0^s,74$, d. h. Funk sah durchschnittlich die Meteore $\frac{3}{4}$ Sec. früher erlöschen als Götze.

Summe d. Fehlerquadr. $\Sigma = 6,73$

wahrscheinl. Fehler $w = \pm 0^s,15$

2) Beobachtungen von Rümker und Funk.

$(R-F) = -0^s,7$ | $+1,3$ | $+0,3$ | $-0,2$ | $-2,6$ | Mittel $= -0^s,38$

Die Mittelzahl deutet an, freilich mit geringer Sicherheit, dafs Rümker durchschnittlich $0,^s4$ früher als Funk die Sternschnuppen erlöschen sah.

$\Sigma = 8,35$

$w = \pm 0^s,38$

3) Beobachtungen von Schmidt und Rümker.

$(S-R) = -0^s,6$ | $+2,4$ | $-1,1$ | $+0,9$ | $+3,0$ | Mittel $= +0^s,92$

Also durchschnittlich notirte ich das Erlöschen 1^s später als Rümker.

$\Sigma = 12,91$

$w = \pm 0^s,54$

4) Beobachtungen von Schmidt und Funk.

$(S-F) = -0^s,4$ | $+0,4$ | $-0,1$ | $+1,9$ | $+2,4$ | $-1,8$ | $-0,6$ | $-0,1$ | $0,0$ | Mittel $= +0^s,18$

Mit geringer Sicherheit zeigt sich, dafs ich später als Funk das Verschwinden der Sternschnuppen gesehen habe.

$\Sigma = 12,99$

$w = \pm 0^s,28$

5) Beobachtungen von Schmidt und Götze.

$(S-G) = -0^s,3$ | $+0,2$ | $+0,7$ | $-0,3$ | $-1,6$ | Mittel $= -0^s,26$

Auch hier wenig Sicherheit; es scheint, als hätte ich das Erlöschen $\frac{1}{4}$ Sec. früher gesehen.

$\Sigma = 2,93$

$w = \pm 0^s,25$

Zunächst bemerke ich, dafs ich damals am wenigsten in solchen Zeitschätzungen geübt war. Die Beobachtungen sind zu wenig zahlreich, als dafs man einiges Gewicht auf die Unterschiede je zweier Beobachter legen sollte. Indessen genügen sie, um zu zeigen, wie genau die Angaben der Beobachter von verschiedener Uebung sein können. Die Differenz zwischen 2 Beobachtern ist, wenn sie sich als constant erweist, die persönliche Gleichung (équation personelle), eine Erscheinung von nicht geringer Wichtigkeit, die bei feinern astronomischen Untersuchungen überall berücksichtigt werden mufs, und sich bei sehr verschiedenen Gelegenheiten herausgestellt hat. Bezeichne ich noch den mittlern Fehler einer Differenz durch *m*, so haben wir also folgende persönliche Gleichungen = *E*:

	E	w	m	
(S—R) =	$+0^s,92$	$\pm 0^s,54$;	$\pm 1^s,80$	5 Beob.
(G—F) =	+ 0,74	± 0,15;	± 0,78	12 -
(F—R) =	+ 0,38	± 0,38;	± 1,29	5 -
(G—S) =	+ 0,26	± 0,25;	± 0,86	5 -
(S—F) =	+ 0,18	± 0,28;	± 1,27	9 -

II. 1851. Aug 9. und 10. Beobachtungen auf der Sternwarte zu Königsberg.

Auf der Rückreise von Rastenburg in Ostpreufsen, wohin mich Herr Professor Argelander zur Beobachtung der totalen Sonnenfinsternifs vom 28. Juli gesandt hatte, benutzte ich die schönen Augustnächte während meines Aufenthaltes in Königsberg, um auf der dortigen Sternwarte einige Beobachtungen über die Verschwindungsmomente der Sternschnuppen anzustellen, woran die Herren Busch, Fearnley und R. Schumacher sich zu betheiligen die Freundlichkeit hatten. Bezeichne ich wie oben die Beobachter mit dem Anfangsbuchstaben ihres Namens (wobei R. Schumacher = S'), so haben wir folgende Differenzen:

Aug. 9. **Beobachtungen von Schmidt und Fearnley.**

$(S-F) = \quad 0^s,0 \qquad \Sigma = 3,84 \quad m = \pm 0^s,74 \quad w = \pm 0^s 17$

+ 0,2
— 0,25
+ 0,5
— 0,5
+ 1,4
— 1,0
+ 0,5

Mittel = + $0^s,23$

Aug. 9. Beobachtungen von Schmidt und Busch.

$(S-B) = -0^s,5 \qquad \Sigma = 2,04 \quad m = \pm 1^s,01 \quad w = \pm 0^s,39$

+ 1,5
+ 0,75

Mittel = + $0^s,58$

Aug. 10. Beobachtungen von Schmidt und Busch.

$(S-B) = +0^s,9 \qquad \Sigma = 1,88 \quad m = \pm 0^s,52 \quad w = \pm 0^s,12$

+ 0,4
+ 0,4
— 0,6
+ 0,2
+ 0,1
— 0,6
+ 0,4

Mittel = + $0^s,15$

Aug. 10. Beobachtungen von Schmidt und Fearnley.

$(S-F) = -0^s,1 \qquad \Sigma = 8,89 \quad m = \pm 1^s,22 \quad w = \pm 0^s,31$

+ 1,4
+ 0,2
— 0,6
0,0
+ 1,6
— 2,0

Mittel = + $0^s,07$

Aug. 10. Beobachtungen von Schmidt und R. Schumacher.

(S — S') = 0^s,0 $\Sigma = 0{,}21$ $m = \pm\, 0^s{,}20$ $w = \pm\, 0^s{,}05$

— 0,2

0,0

— 0,2

— 0,5

— 0,4

Mittel = — 0^s,22

Die Unterschiede = E waren also die folgenden:

		(E)	w	m		
Aug. 9.	(S—F) =	+0^s,23	±0^s,17	±0^s,74	8	Beob.
- 10.	(S—F) =	+0,07	+0,31	±1,22	7	-
- 9.	(S—B) =	+0,58	±0,39	±1,01	3	-
- 10.	(S—B) =	+0,15	±0,12	±0,52	8	-
- 10.	(S—S') =	— 0,22	±0,05	±0,20	6	-

Es zeigt sich hier, dafs ich die Momente etwas später als Busch und Fearnley, dagegen etwas früher als Schumacher beobachtet habe, wobei ich aber noch bemerke, dafs der starke Vollmondschein diesen Bestimmungen sehr ungünstig war.

Im Ganzen aber erhellt zur Genüge, dafs man bei günstigen Umständen und gehöriger Uebung solche Momente innerhalb weniger Bruchtheile der Secunde wird angeben können. Kommen Meteore vor, die langsam erlöschen, d. h. allmälig an Licht abnehmen, oder mit trüben Fragmenten enden, was doch selten ist, so würde man Solche mit vollem Rechte ausschliefsen. Bei diesen könnten unter Umständen Fehler von 2 und mehr Secunden entstehen. Allein in den meisten Fällen ist es gar nicht möglich, sich im Verschwindungsmomente um eine halbe Secunde zu irren, weil so sehr häufig die ganze Dauer der Sichtbarkeit von Sternschnuppen nur 0^s,1 bis 0^s,5 erreicht, und es fast unmöglich scheint, bei so überaus schnellen Erscheinungen noch zwischen Anfang und Ende unterscheiden zu wollen. Gerade in dieser Eigenthümlichkeit, in dem so schnellen Aufblitzen und augenblicklichen Verlöschen zeigt sich nicht nur die Möglichkeit, sondern die Zweckmäfsigkeit ihrer Anwendung zur Bestimmung von Meridiandifferenzen, nicht wenn man diese nur schnell und obenhin, sondern mit aller Sicherheit kennen lernen will. Vergleicht man die gleichzeitigen Beobachtungen von Pulversignalen oder sonstigen Blickfeuern, so trifft man auf ähnliche Abweichungen wie die Obigen, die aber jedenfalls verringert werden können, wenn alle Umstände günstig sind. Bei den aus Mondculminationen berechneten Längenunterschieden darf man die mitunter grofsen Differenzen keineswegs der Beobachtung selbst, oder den Tabularfehlern allein zur Last legen wollen, indem die Unebenheiten des Mondprofiles zum Theil sehr erheblichen Einflufs auf die beobachteten Momente ausüben können. Randberge von 1 bis 4 Bogensecunden scheinbarer Erhebung sind fast immer am Mondrande sichtbar; sie können unter den geeigneten Umständen im Minimo, unvermeidliche Fehler der Zeitschätzungen von 2 bis 8 Zeitsecunden hervorrufen, und die Unsicherheit wächst, wenn bei Sternbedeckungen die Sehne, welche der bedeckte Stern hinter dem Monde zu beschreiben scheint, weit vom Centrum entfernt liegt.

Will man aber die Meteorbeobachtungen anwenden, um den Längenunterschied zweier Stationen *O* und *O'* zu ermitteln, so bedarf es freilich einer überaus grofsen Vorsicht und einer sehr scharfen Kritik. Dieser Gegenstand ist oft von Heis und mir schriftlich besprochen worden, und es hat sich auf Grund unsrer beiderseitigen Erfahrungen herausgestellt: I. Dafs solche Bestimmungen an Zuverlässigkeit verlieren, wenn *O* und *O'* sehr weit von einander entfernt sind, weil dann nicht mehr auf die völlige Gleichzeitigkeit des Meteors, gesehen an beiden Orten, gerechnet werden kann. Differenzen der Lichtintensität, so weit sie von der Entfernung abhängen, ja eine verschiedene Leuchtfähigkeit zweier Seiten des Meteors können dann, wenn zumal das Meteor eine lange Bahn beschreibt, erhebliche Fehler verursachen. II. Dafs, namentlich zur Zeit der periodischen Erscheinung der Meteore häufig ganz oder sehr nah in demselben Momente Sternschnuppen an verschiedenen Punkten des Himmels aufblitzen. Schon im Jahre 1842 war es mir aufgefallen, dafs oft nicht nur in derselben Minute 6—7 Meteore sichtbar wurden, sondern dafs auch Fälle vorkamen, in denen 2 Sternschnuppen in Zeit von 1 bis 2 Secunden neben oder hintereinander herliefen. In gröfserem Umfange hat Heis dasselbe aus seinen vieljährigen Beobachtungen kennen gelernt.

Dieser letzte Umstand ist wenig geeignet, für die in Rede stehende Methode Zutrauen zu erwecken. Es giebt aber sichere Mittel, unter der Voraussetzung der Gleichzeitigkeit zweier für identisch gehaltener Erscheinungen, ein Kriterium zu gewinnen, welches die Annahme der Identität bestätigt oder verwirft. Ist ein und dasselbe Meteor wirklich in *O* und *O'* gesehen worden, so müssen die an beiden Orten notirten scheinbaren Bahnen, rückwärts verlängert, einen gemeinschaftlichen Durchschnittspunkt haben. — Ist dies der Fall, und stimmen die Zeiten ganz oder nahe bis auf den supponirten Meridianunterschied überein, so ist an der Identität beider Erscheinungen nicht zu zweifeln. Diese Untersuchung ist durchaus unerläfslich, und darf auch dann nicht vernachlässigt werden, wenn *O* und *O'* einander nahe liegen, oder gewisse, an beiden Orten gesehene Eigenthümlichkeiten des Meteors direct für die Annahme der Identität sprechen sollten. — Weil aber bei den ehemals von mir und Andern in den astron. Nachr. mitgetheilten, aus Meteorbeobachtungen ermittelten Längenunterschieden solche Voruntersuchungen nicht angestellt worden sind, so mufs zugegeben werden, dafs sie kein Zutrauen verdienen, indem gar keine Gewähr für ihre Sicherheit vorhanden ist.

Ich werde jetzt an einigen Beispielen zeigen, wie in der That die Sache sich verhält. Im Jahre 1849 sind, wie schon erwähnt, an verschiedenen Orten zu verabredeten Zeiten die Sternschnuppen beobachtet worden. Nachdem mir die auswärtigen Berichte darüber zugekommen waren, sandte ich Alles an Heis, der zunächst die Meteore zusammenstellte, welche lediglich in Betreff des Meridianunterschiedes je zweier Stationen *O* und *O'*, identisch zu sein schienen. Hierauf construirte er auf der Aachener grofsen Himmelskugel die in *O* und

O' gesehenen Bahnen, und schied nun die wirklich Identischen von denen, die nur der Zeit nach zusammengehörten.

Aus den correspondirenden Beobachtungen vom August 1849 hat sich sonach Folgendes ergeben. Ich bezeichne die geographischen Längen von O und O' jedesmal mit l und l'.

I. Bonn und Frankfurt. Aug. 11.

aus Bonn	N. 3343.	und Frankfurt	N. 1.	$l-l'$ =	$6^m\ 19^s,9$
-	3347.	-	3.	-	21,2
-	3353.	-	6.	-	16,7
-	3362.	-	19.	-	18,7 (*)
			Mittel	$l-l'$ =	$6^m\ 19^s,1$

Heis findet, dafs die 3 Ersten durchaus nicht zusammen gehören können. Dasselbe fand ich durch die Besselsche Methode bestätigt, die kein Resultat gab. Anders ist es mit der 4ten Beobachtung (*), welche sich allen Bedingungen fügt. Nach ihr ist:

$l-l'=6^m\ 18^s,7$ Nach d. chronometr. Uebertragung von Dr. Lorey ist $l-l'=6^m\ 19^s,5$ Entfernung = 17 geogr. Meilen.
Differenz = $0^s,8$

II. Bonn und Bremen. Aug. 11.

Folgende 18 Meteore scheinen der Zeit nach identisch, sie geben die Längenunterschiede

aus Bonn	N. 3351.	und Bremen	N. 16.	$(l-l')$ =	$6^m\ 49^s,6$ (*)
-	52.	-	17.	-	50,3
-	53.	-	19.	-	50,6
-	54.	-	20.	-	50,3
-	57.	-	26.	-	51,6
-	60.	-	31.	-	48,8 (*)
-	64.	-	38.	-	49,0
-	65.	-	39.	-	47,0
-	68.	-	40.	-	49,6 (*)
-	72.	-	45.	-	50,7 (*)
-	74.	-	46.	-	50,7
-	77.	-	51.	-	51,7
-	80.	-	56.	-	49,1 (*)
-	85.	-	58.	-	50,8
-	86.	-	59.	-	51,3 (*)
-	89.	-	63.	-	53,3
-	92.	-	66.	-	48,2
-	3394.	-	67.	-	$6^m\ 49,4$
			Mittel	$(l-l')$ =	$6^m\ 50^s,1$

Heis Untersuchung verwirft aber alle Combinationen, mit Ausnahme der mit (*) bezeichneten Beobachtungen. Diese entsprechen allen Anforderungen der Identität, und es ist kein Zweifel mehr an der Realität der daraus folgenden Mittagsunterschiede übrig. Jene 6 Beobachtungen, nach Bessels Methode berechnet, führten ohne Schwierigkeit zu genügenden Resultaten, und geben demnach

$(l - l') = 6^m\,49^s,6$
48,8
50,7
49,1
51,3
49,6

Mittel $= 6^m\,49^s,8$ $\Sigma = 4,33$ $m = \pm 0^s,93$ $w = \pm 0^s,25$.

Diese Uebereinstimmung und geringe Unsicherheit des Mittels von etwa $\frac{1}{4}$ Secunde, mufs bei der grofsen Entfernung Bonns von Bremen = 39 Meilen = R billig überraschen.

III. Bonn und Aachen. Aug. 11.

Hier ist zu bemerken, dafs damals noch die Einrichtungen in Aachen fehlten, um zuverlässige Zeitbestimmungen anzustellen. 9 Meteore stimmten dem ungefähren Mittagsunterschiede nach überein; allein nur bei Zweien fand Heis die Identität statthaft: R = 10 Meilen.

IV. Aachen und Bremen. Aug. 11.

Im Ganzen stimmen 16 Beobachtungen der Zeit nach nahezu überein. Heis Untersuchung verwirft aber alle bis auf 2, welche ich nach der Besselschen Methode berechnet habe.

V. Aachen und Neunkirchen. Aug. 11.

Heis findet, dafs 2 Beobachtungen zusammengehören können, welche übereinstimmend $(l - l') = 4^m\,28^s$ ergeben, nachdem die Aachener Uhrzeiten zufolge anderer Vergleichungen eine genügend sichere Correction erhalten hatten. Ich gelange aber bei Beiden mit Bessels Methode zu keinem Resultate. Aufserdem ist die in O und O' beobachtete Helligkeit dieser Meteore ganz ungewöhnlich verschieden.

VI. Aachen und Frankfurt. Aug. 11.

Nach Heis stimmen 3 Beobachtungen. Da aber nur eine der Frankfurter Angaben die Bahn vollständig bezeichnet, so konnte nur auf diese die Besselsche Methode angewandt werden, die ein Resultat gab.

$(l-l') = 10^{m} 26^{s}$ der wahre Mittagsunterschied ist etwa 1^{s} gröfser.

VII. Aachen und Bilk. Aug. 11.

5 Beobachtungen geben $(l-l')$ nahe richtig an, doch sind in Bilk die Bahnen nicht verzeichnet worden, so dafs die Identität nicht nachzuweisen ist.

VIII. Neunkirchen und Frankfurt. Aug. 11.

Zwei Beobachtungen, welche $(l-l') = 6^{m} 0^{s}$ und $6^{m} 1^{s}$ angeben, enthalten nach Heis keine Widersprüche in den scheinbaren Bahnen. Doch konnte ich in der Berechnung der Höhen nur bei der 2ten zum Ziele gelangen.

IX. Neunkirchen und Bremen. Aug. 11.

Der Zeit nach stimmen 4 Beobachtungen, doch ist keine der Combinationen zulässig.

X. Bilk und Hamburg. Aug. 11.

7 Beobachtungen geben den Längenunterschied nahezu an. Doch sind an beiden Orten die Positions-Bestimmungen nicht genügend, um die Identität zu begründen. Es ward gefunden:

$$
\begin{array}{rr}
(l-l') = & 12^{m} 43^{s},2 \\
 & 46,1 \\
 & 49,8 \\
 & 50,2 \\
 & 47,3 \\
 & 50,4 \\
 & 52,3 \\
\hline
\text{Mittel} = & 12^{m} 48^{s},5
\end{array}
$$

R über 50 Meilen.

XI. Bonn und Hamburg. Aug. 11.

Die 4 der Zeit nach stimmenden Beobachtungen lassen sich nicht näher untersuchen, weil in Hamburg keine Positionen angegeben wurden.

XII. Bilk und Bremen. Aug. 11.

Aus 7 Vergleichungen ergeben sich folgende Längenunterschiede:

$$(l - l') = 8^m\,10^s{,}4$$
12,8
8,7
10,8
11,2
10,4
9,8

$$\text{Mittel} = 8^m\,10^s{,}6$$

Die Unvollständigkeit der Positionsangaben an beiden Orten läfst keine scharfe Untersuchung zu. Doch sind einige Combinationen statthaft. R gegen 40 Meilen.

XIII. Bonn und Bilk. Aug. 11.

Der wahre Längenunterschied beider Sternwarten wird nahe zu $1^m\,19^s{,}5$ sein. 8 Meteorbeobachtungen geben:

$$(l - l') = 1^m\,19^s{,}7$$
20,4
19,9
19,1
20,5
20,6
20,1
21,2

$$\text{Mittel} = 1^m\,20^s{,}2$$

Die Uebereinstimmung ist recht befriedigend, doch läfst sich bei keiner Beobachtung die Identität aus den Bahnen nachweisen, weil solche in Bilk nicht verzeichnet wurden.

XIV. Bremen und Hamburg. Aug. 11.

12 der Zeit nach identische Meteore sind nach Heis bis auf 2 als nicht zusammengehörig zu betrachten. Diese beiden geben aber nach Bessels Methode berechnet, ein gutes Resultat, und zeigen folgende Längenunterschiede:

$$(l - l') = 4^m\,38^s{,}5$$
$$42{,}5$$
$$\text{Mittel} = 4^m\,40{,}5$$

XV. Aachen und Hamburg. Aug. 11.

Unter einer grofsen Reihe von scheinbar identischen Meteoren ist nur die eine Combination Aachen N. 3334. und Hamburg N. 26. statthaft. Sie giebt:

$$(l - l') = 15^m\,33^s{,}5 \quad \text{statt } 15^m\,35^s{,}6.$$

Aus Allem, was ich hierüber habe mittheilen können, wird wohl zur Genüge erhellen, wie unumgänglich nöthig es sei, mit aller Sorgfalt die Identität zweier Erscheinungen, die der Zeit nach übereinstimmen, an der Projection ihrer Bahnen auf der Himmelskugel zu prüfen. Man wird aufserdem sich überzeugen, dafs eine grofse Genauigkeit in der Schätzung der Momente, und somit in der Beobachtung des Mittagsunterschiedes zu erreichen sei. Es wird aber nicht zweckmäfsig sein, solche Längenbestimmungen zu den Zeiten anzustellen, wenn die Meteore sehr häufig sind, wie am 10. August, weil oft 6—7 in einer Minute erscheinen, und es bei dem ohnehin stattfindenden durchgängigen Parallelismus der Bahnen in jener Nacht schwer halten wird, die Identität genügend zu beweisen. Es scheint mir besser, wenn man Juli-, October-, November- und Decembernächte zu solchen Bestimmungen wählt, und die Beobachtungen zur Zeit des hellen Mondscheins ausschliefst.

Anmerkung. Es ist nicht selten, dafs man zumal in den Augustnächten, Meteore von meistens geringem Glanze völlig oder nahe gleichzeitig neben einander aufleuchten, und gewöhnlich parallele Bahnen beschreiben sieht. Mir ist diese Erscheinung seit 1842 bekannt, und auch andere Beobachter sind seither darauf aufmerksam geworden. Vergl. Rep. of the Roy. astr. Soc. Vol. X. N. 1. 1849. Nov. 9.

Anmerkung. Eine merkwürdige Bestätigung der von Heis zuerst gehegten Vermuthung „dafs viele Meteore in demselben Momente aufleuchten, Manche aber an 2 entfernten Orten nicht gleichzeitig gesehen werden, wie hierfür unsere Beobachtungen von 1849 zahlreiche Andeutungen lieferten, ist vor Kurzem dadurch erreicht worden, dafs Heis den electrischen Telegraphen benutzt hat, um an den Stationen Aachen und dem 2 Meilen entfernten Herbesthal an der belgischen Gränze, das jedesmalige Aufleuchten eines Meteores gegenseitig zu signalisiren. Mit der freundlichen Genehmigung des

Herrn Heis darf ich hier mit wenigen Worten der interessanten Beobachtung vom 18. October 1851 erwähnen. Heis schickte 7 seiner geübten jungen Gehülfen, welche mit Allem, was zur guten Beobachtung der Sternschnuppen gehört, vertraut waren, nach Herbesthal. „An beiden Enden der Telegraphenlinie, unmittelbar „an den Stationsgebäuden, waren die Standörter zum Beobachten. „Zwischen dem Beobachtungsorte und dem telegraphischen Büreau, „wo der Telegraphist arbeitete, war ein Rufer angestellt. In dem „Momente, wo in Herbesthal eine Sternschnuppe eben gegen Westen „gesehen wurde, theilte der Rufer dieses dem Telegraphisten mit, „der nun augenblicklich durch ein W hier in Aachen zu erkennen „gab, dafs eine Sternschnuppe so eben beobachtet wurde. Dann „folgte die Angabe der Gröfse, des Schweifes etc. Selbst tele„graphirte ich weniger nach Herbesthal. Es war mir nun bei dieser „Beobachtung an zwei, nur 2 Meilen von einander entfernten Sta„tionen interessant zu erfahren, ob wirklich Sternschnuppen hier „in Aachen beobachtet wurden, die man nicht in Herbesthal sah, „und umgekehrt. Wurde eine Sternschnuppe von Herbesthal an„gemeldet, die gegen Süden beobachtet wurde, so konnte ich unter„suchen, ob zu derselben Zeit die südliche Gegend hier recht ins „Auge gefafst wurde, oder nicht. Ein andermal sah ich eine Stern„schnuppe gen Norden; ich fragte gleich darauf in Herbesthal an, „ob ein Beobachter auf den Norden gehörig geachtet habe. — „Ich bin nun zu dem Resultate gelangt, dafs von 40 in Aachen „und Herbesthal gesehenen Meteoren **nur 4** gleich„zeitig an beiden Orten beobachtet wurden." — (Briefl. Mittheilung. Aachen, Octob. 24. 1851.)

Telescopische Meteore.

Es ist seither in diesen Blättern nur die Rede von den nächtlichen Erscheinungen der Sternschnuppen die Rede gewesen, welche mit unbewaffnetem Auge gesehen werden können, und welche demnach wenigstens das Licht von Sternen der 6ten Gröfse zeigen müssen. Nach allen seitherigen Erfahrungen ist die Zahl der periodischen und sporadischen Meteore ungemein grofs, und es giebt Zeiten, in denen viele Tausende in einer Nacht beobachtet werden können. Allein man hat diese Meteore, die wir mit freiem Auge sehen, doch nur als die uns am nächsten vorübergehenden zu betrachten; ungezählte Schaaren von Meteoren ziehen an der Erde vorüber, die das freie Auge nicht mehr erblickt, so am Tage wie in der Nacht, und nur mit Hülfe lichtstarker Fernröhre von schwacher Vergröfserung und beträchtlichem Gesichtsfelde erhalten wir Kunde von der wunderbaren

Belebtheit des ferneren Himmelsraumes, durch die oft buntfarbigen, oft geschweiften Meteore der kleinsten Art, deren Lichtglanz zwischen dem der Sterne 6ter und 11ter Gröfse schwankt. Ich erinnere mich nicht, dafs aufser Olbers jemals ein Astronom von den telescopischen Sternschnuppen gesprochen hat. Man kennt von dem Meteorphänomene nur einen sehr kleinen Theil, wenn man sich nur an die gewöhnliche Erscheinung hält. Seine grofsartige Ausdehnung ahnt man aus dem, was der matte Glanz eines feinen strahlenden Lichtschusses, was das wiederholte Aufblitzen telescopischer Meteore im Gesichtsfelde des Fernrohrs andeutet. Es kann auffallend erscheinen, dafs bisher Niemanden diese merkwürdigen kleinsten Meteore zu einer nähern Mittheilung veranlafst haben, obgleich doch schon früher diese die Aufmerksamkeit von Olbers, und einmal die des so viel beobachtenden Schröter erregt hatten. Eine nähere Betrachtung wird indessen dies Befremden leicht vermindern können. Astronomen, die nicht gerade wie Olbers, viel den Himmel mit lichtstarken schwach vergröfsernden Cometensuchern durchmustert haben, sondern mit andern Untersuchungen beschäftigt, ihre Beobachtungen im erleuchteten Gesichtsfelde grofser Meridianfernröhre oder mächtiger Refractoren und Spiegeltelescope anstellen, werden Wenig oder Nichts von den kleinsten Sternschnuppen bemerken, weil die Wahrscheinlichkeit zu gering ist, dafs gerade in dem kleinen Bezirk des Gesichtsfeldes eine solche momentane Erscheinung auftrete. Ist dies aber einmal der Fall, so ist der starken Vergröfserung wegen die scheinbare Geschwindigkeit so enorm, dafs wenn der Lichteindruck nicht zufällig sehr intensiv war, er kaum zur Auffassung gelangt, oder ganz übersehen wird, wenn die Sternschnuppe, an sich sehr klein, im erleuchteten Gesichtsfelde sich nicht genügend auszeichnete. Dazu kömmt noch, dafs die meisten Beobachter mit diesem Phänomen überhaupt wenig oder gar nicht bekannt sind, auch kein Interesse haben, gerade diesem Gegenstande ihre Aufmerksamkeit weiter zuzuwenden, wenn zufällig einmal dieselbe sollte angeregt worden sein, was auch nicht befremden kann, da feine astronomische

Messungen an sich schon so sehr alle Aufmerksamkeit, so sehr die Thätigkeit des Auges und des Geistes in Anspruch nehmen, dafs von dieser Seite her in der That Nichts für die nähere Kenntnifs telescopischer Meteore zu erwarten sein wird.

Seit einer Reihe von Jahren mit Beobachtungen beschäftigt, durch welche ich aus eigener Anschauung kennen lernen wollte, was in der Planetenwelt, was in den Räumen des Fixsternhimmels man seither entdeckt hat, bin ich sehr oft in den Fall gekommen, auch bei Gelegenheit öfteren Cometensuchens, mich lichtstarker Fernröhre von sehr schwachen Vergröfserungen zu bedienen. Durch sie erkennt man bequem und deutlich den unermefslichen Reichthum himmlischer Objekte, und da ihr Gesichtsfeld oft viele Quadratgrade umfafst, so ist die Wahrscheinlichkeit erheblich gröfser, nicht zu lichtschwache Gegenstände zu erblicken, die sich der Beobachtung an gröfsern Instrumenten entziehen. — So kam es denn, dafs ich bereits im Jahre 1841, als ich mit einem kleinen Dollondschen sehr schönen Fernrohre die gröfsern Nebelflecken des Himmels aufsuchte und abzeichnete, mit Erstaunen die erste kleine telescopische Sternschnuppe wahrnahm, die in Gestalt einer schimmernden phosphorischen Linie das dunkle Gesichtsfeld durchzog. Als ich darauf im Jahre 1842 die Sternschnuppen nach einem festen Plane zu beobachten begann, dachte ich gleich an die Telescopischen, und beschlofs, in der Folge jegliche, die ich etwa am Fernrohre erblicken würde, mit in das allgemeine Verzeichnifs aufzunehmen. — 1843 begann ich (damals auf der Hamburger Sternwarte) die ersten Positionsbestimmungen von Cometen am Kreismikrometer eines 4füfs. Frauenhofers, und von dieser Zeit an habe ich viele hundert telescopische Meteore gesehen, von denen ich indessen nur diejenigen notirte, bei denen ich mit Sicherheit irgend eine bestimmte Eigenthümlichkeit hatte auffassen können. Die so häufigen Entdeckungen von zahlreichen Cometen und Asteroïden-Planeten seit 1846 gaben mir in Bonn eine neue Gelegenheit, die kleinsten Sternschnuppen näher kennen zu lernen, nachdem mir übertragen worden war, an den Kreismikrometern der Fernröhre unserer Sternwarte die Positionen der neuentdeckten Himmelskörper zu bestimmen. — Bei Weitem die Meisten dieser Meteore habe ich aber seit dem November 1849 gesehen, nach welcher Zeit ich an einem vorzüglichen Cometensucher die telescopischen Sterne der Berliner akademischen Himmelscharte hora V—VI (Orion) beobachtete.

Um sich von der Häufigkeit der Meteore überhaupt, namentlich aber der Telescopischen, eine richtige Vorstellung zu machen, wird es gut sein, diesen Gegenstand einer näheren Betrachtung zu unterwerfen. In einer heitern Julinacht kann ein im Freien befindlicher Beobachter, der vom Himmel so viel übersieht, als ihm bequem ist, in einer Stunde leicht 8—10 Sternschnuppen erblicken. Diese wird er meistens an sehr verschiedenen Stellen des Himmels wahrnehmen. Beabsichtigt er aber, nur einen bestimmten Raum von geringer Ausdehnung, etwa das kleine Sternbild der Krone, das Viereck des grofsen Bären, oder den noch kleineren Rhombus des Delphins allein zu beobachten, um abzuwarten, wann gerade durch diese Räume ein gewöhnliches Meteor zieht, so kann nicht nur diese Nacht, sondern vielleicht noch die zweite und dritte vergeblich verfliefsen, bis er gerade am verlangten Orte eine Sternschnuppe gewahrt. Die Wahrscheinlichkeit, daselbst ein lichtschwaches Meteor zu sehen, ist gröfser, als die ein helles zu bemerken, und man kann annehmen, dafs wenn er eine Nacht von 6 Stunden gewartet, und im bezeichneten Raume eine Sternschnuppe der 3ten Gröfse gesehen hat, er 8½ Stunden gebraucht um ein Meteor der 1sten, und 6¾ Stunden, um eins der 2ten Gröfse zu bemerken. Die Wahrscheinlichkeit, in einer gegebenen Zeit eine Beobachtung zu machen, wird steigen, wenn man einen gröfsern Raum wählt, z. B. ein ganzes Sternbild von der Ausdehnung des grofsen Bären u. s. w.

In der Totalübersicht der Beobachtungen von 1842—1850 habe ich mitgetheilt, wie sich die Häufigkeit der Meteore von verschiedenen Gröfsenklassen verhalte. Daraus kann man entnehmen, wie grofs ungefähr die durchschnittliche Wahrscheinlichkeit sei, an einem gegebenen Raume des Himmels, und in einer gegebenen Zeit ein Meteor der verschiedenen Klassen wahrzunehmen. Wie selten aber es sich ereignet, dafs man im Gesichtsfelde eines mittelstarken Fernrohrs eine helle Sternschnuppe erblickt, geht daraus hervor, dafs ich bei fast ununterbrochenen sehr zahlreichen Beobachtungen nicht mehr als Folgendes gefunden habe:

in 12 Jahren 1 Mal ein Meteor 1ster Gröfse im Fernrohr gesehen
- 12 - 1 - - 2ter - -
- 12 - 2 - - 3ter - -
- 12 - 4 - - 4ter - -
- 12 - 8 - - 5ter - -

Hier steigt die Häufigkeit für die lichtschwächeren Sternschnuppen, die sich leicht einem weniger starken unbewaffneten Auge entziehen können, wefshalb denn nach meinen Beobachtungen die Meteore der 3ten Gröfse am häufigsten sind, und dann bis zur 6ten Gröfse abnehmen; ein Verhältnifs, das bei Beobachtern von stärkerer Gesichtskraft sich gar sehr anders gestalten kann. — Die meisten von mir gesehenen telescopischen Meteore glichen an Helligkeit den Sternen 8ter bis 10ter Gröfse; die Bewegung ist es, welche oft die allerzartesten Lichtpunkte sichtbar macht, und ich habe mich oft überzeugt, dafs zuweilen die Intensität solcher Meteore nicht gröfser war, als die des feinen Lichtstaubes, der in heitern mondlosen Nächten den Raum des Gesichtsfeldes vom Cometensucher erfüllt, wenn man das Fernrohr auf die mit zahllosen Gestirnen besäeten Räume der Milchstrafse richtet. Aber nicht allein von der Bewegung scheint die Möglichkeit des Erkennens so kleiner Meteore abzuhängen. Gewifs trägt der wenn auch noch so kleine Durchmesser dazu bei, den der matte Lichtfunke zeigt, und noch mehr, die im Fernrohre so überaus häufige Erscheinung einer deutlichen Schweifspur. Diese fernsten Sternschnuppen scheinen sich von den gewöhnlichen Meteoren nicht wesentlich zu unterscheiden. Sie sind Miniaturgebilde der Grofsen dem Anblicke nach, aber ihre Kleinheit hängt durchgängig gewifs nur von der grofsen

Entfernung ab. Dafs dies Letztere der Fall sei, kann nicht bezweifelt werden, wenn man erwägt, dafs die Meisten scheinbar sich sehr langsam bewegen. Nicht selten ist es, dafs Meteore der 1sten bis 3ten und 4ten Gröfse sich in einer Secunde durch 20° und mehr Grade fortbewegen. Solche Geschwindigkeit wird man bei den kleinsten Meteoren niemals beobachten. Zwar sind mir viele Fälle vorgekommen, dafs von solchen telescopischen Sternschnuppen Einige sicher keine Secunde gebrauchten, um einen Weg von 3° zu durchlaufen, allein die Mehrzahl bewegt sich scheinbar sehr langsam, und ich habe oft, selbst an 40maliger Vergröfserung eines 5füfs. Refractors gesehen, dafs so kleine Meteore ein Gesichtsfeld von kaum 1° Durchmesser in 1^s bis 3^s Zeit durchliefen. Ich kenne aufserdem nicht wenig Fälle, in denen ich eine solche Sternschnuppe im Gesichtsfelde entstehen oder endigen sah, und 2 bis 3 Beispiele, in denen ich die ganze Bahn im Fernrohre, also Anfang und Ende derselben wahrnehmen konnte. Im Durchschnitt glaube ich annehmen zu können, dafs telescopische Meteore in einer Secunde 0°,2 bis 7 und 10° durchlaufen. —

Was ich von telescopischen Meteoren gesehen und notirt habe, ist Folgendes:

	1844	1845	1846	1847	1848	1849	1850	1851	Summe
7 Gröfse	0	0	2	4	2	1	5	1	= 15
8 Gröfse	0	1	6	8	0	8	11	5	39
9 Gröfse	2	1	4	6	5	6	18	10	52
10 Gröfse	0	0	4	3	2	3	14	6	32
11 Gröfse	0	0	2	0	0	4	0	2	8
Summe	2	2	18	21	9	22	48	24	S = 146

Wir haben also unter 100 telescopischen Meteoren

etwa 10,3 der 7ten Gröfse
- 26,7 - 8ten -
- 35,4 - 9ten -
- 21,9 - 10ten -
- 5,5 - 11ten -

Auch diese Zahlen sind der Wahrscheinlichkeit gemäſs. Telescopische Sternschnuppen der 6ten Gröſse habe ich hier ausgeschlossen, weil ich solche auch mit freiem Auge hätte erkennen können. Es würden ihrer etwa 4—5 unter 100 gewesen sein. Wie schon oben erwähnt, nimmt die Wahrscheinlichkeit ab, ein helles Meteor im Gesichtsfelde eines Fernrohrs zu erblicken. In diesen Zahlen haben wir ein völliges Seitenstück zu denen, welche die Häufigkeit der gewöhnlichen Meteore ausdrücken. Dort waren die Sternschnuppen der 3ten Gröſse am zahlreichsten; die Zahlen nehmen dann ab, weil der Lichtschwäche wegen wenigstens meinem Auge die kleinern Sternschnuppen weniger leicht sichtbar waren; hier bei den Telescopischen ist es ähnlich. Das Maximum der Häufigkeit liegt bei den Sternschnuppen der 9ten Gröſse. Die Schwierigkeit des Erkennens noch kleinerer Körper erklärt mir die Abnahme der Zahlen bis zur 11ten Gröſse vollkommen. Die überwiegend häufigste Farbe dieser Phänomene ist die Gelbe, nicht wie bei den gewöhnlichen Meteoren, die Weiſse. Allein dieser Unterschied ist nicht reell. Es geht bei den Meteoren eben so wie bei den Fixsternen; mit Ausnahme weniger Sterne, deren rothes oder starkgelbes Licht ich sicher auch ohne Hülfe des Fernrohrs erkenne, sehe ich mit unbewaffnetem Auge alle nur weiſs. Beobachte ich aber am Fernrohre, so finde ich mit Ausnahme sehr weniger Fälle keinen Stern, bei dem ich nicht eine andere Farbe, namentlich aber alle möglichen Stufen von Gelb erkennen sollte. Dasselbe würde sehr wahrscheinlich der Fall sein, wenn ich die Farbe jedes gewöhnlichen Meteors im Gesichtsfelde eines Fernrohrs prüfen könnte. Alle Stufen von Gelb, hinneigend zum Weiſslichen, oder in leuchtend intensives Rothgelb übergehend, sind bei den Telescopischen sehr gewöhnlich; nur die ausgesprochen grüne Farbe habe ich niemals am Fernrohre gesehen. Nimmt man an, was gewiſs zulässig ist, daſs sich die gewöhnlichen Meteore nicht wesentlich von den Telescopischen unterscheiden, so darf man folgern, daſs, wenn unter 4066 mit freiem Auge gesehenen Sternschnuppen 88 Grüne waren, unter 146 Telescopischen etwa 3 grüne Meteore hätten beobachtet werden können. Da nun gerade das grüne Licht so sehr auffällig, und gewifs noch besser im Fernrohre zu erkennen ist als mit freiem Auge, so wäre es denkbar, dafs die Entwicklung grünen Lichts bei den Telescopischen entweder nicht stattfindet, oder doch aus freilich unbekannten Ursachen sehr beschränkt wird. — Nebelartige Meteore in dem Sinne, wie ich sie oben beschrieben habe, kommen unter den Telescopischen nicht vor, wenn ich einen scheinbaren und erheblichen Durchmesser, dazu ein sehr verwaschenes Ansehen als Kennzeichen annehme. Sehr lichtschwache grauweifse Erscheinungen der 10—11 Gröfse, eigentlich nur eine graue Schweifspur, habe ich indessen der Kürze wegen wohl mit „nebelhaft" bezeichnet. Auch in anderer Beziehung theilen die Telescopischen ganz die Eigenschaften der mit freiem Auge sichtbaren Sternschnuppen. Das momentane Aussetzen des Lichtes, ein punktartiges Aufleuchten und Erlöschen, eine ungleiche Intensität in verschiedenen Theilen der Bahn habe ich wiederholt mit Sicherheit gesehen. Auch sie beginnen schwach, und erlöschen gewöhnlich im Maximo ihres Glanzes. Bei den Meisten, die ich unter starken Vergröfserungen zufällig genau habe beobachten können, wenn wie es oft eintraf, die Bewegung sehr langsam war, konnte ich den Durchmesser auf höchstens 1—5 Bogensecunden setzen, wovon noch abgezogen werden mufs, was als Irradiation des Lichtes den Durchmesser scheinbar zu vergröfsern strebt. Ich wage kaum zu behaupten, dafs ich bei einigen im Fernrohre gesehenen helleren Meteoren der 6ten bis 3ten Gröfse den Durchmesser beträchtlicher geschätzt haben sollte. Nur einmal (März 1846) als ich während einer Cometenbeobachtung an 50maliger Vergröfserung des 5füfs. Refractors eine helle Sternschnuppe der 1sten Gröfse durch das Gesichtsfeld schiefsen sah, konnte ich mit Bestimmtheit erkennen, dafs die breite Lichtspur wohl 2 Bogenminuten im Durchmesser halten mochte. Der Schweif telescopischer Meteore der 6ten und 7ten Gröfse gewährt oft einen vorzüglich schönen Anblick; mehrere Secunden unbeweglich verweilend, zeigt er mitunter ein auffallendes rauchartiges Ansehen, indem die Lichtmaterie woraus er besteht, in eigenthümlich wallender Bewegung zu sein scheint. Er zeigt gewöhnlich dieselben Phänomene der an gröfsern Meteoren sichtbaren Schweifspuren. Mit Bestimmtheit kann ich versichern, dafs die anomalen Bewegungen unter den telescopischen Meteoren, wenn auch selten, vorkommen. Wir fanden früher unter 4066 Meteoren 175 Gekrümmte, und von solchen dürfte man unter den beobachteten 146 Telescopischen gegen 6 erwarten, wenn angenommen wird, dafs beide Phasen des Meteorphänomens nicht wesentlich verschieden sind. In der That habe ich aber nur 2 Telescopische von unregelmäfsiger Bewegung gesehen, von denen die 2te noch unsicher ist, weil der Eindruck einer Wellenbewegung möglichenfalls durch Intermittiren des Lichtes veranlafst war. Diese Beobachtung machte ich 1846 April 27. am 5füfs. Refractor an einer Sternschnuppe der 8ten Gröfse. Die zweite dagegen 1849 Juli 16. am 8füfs. Heliometer an einem Meteor der 9ten Gröfse. Die Beobachtungen am Fernrohre zeigen also die Häufigkeit anomaler Bewegungen 3 mal geringer, als man voraussetzen durfte, was daran erinnern mag, dafs jener Widerstand, welcher in den der Erde nahen Meteorbahnen Ablenkungen hervorrufen kann, bei den fernsten uns kaum noch sichtbaren Meteoren von telescopischer Kleinheit, nur in sehr geringem Mafse sich geltend macht, oder Meistens ganz fehlt. Von gröfserem Interesse scheint mir indessen die Beobachtung zu sein, dafs in gewissen Regionen des Himmels die telescopischen Meteore sich im Allgemeinen in parallelen Bahnen bewegen, und von einem bestimmten Convergenzpunkte auszugehen scheinen. Auf diese Erscheinung wurde ich zuerst bei Gelegenheit mehrstündiger Positionsbeobachtungen der Cometen im März 1846 aufmerksam, indem ich sah, dafs alle das Gesichtsfeld meines Fernrohrs durchziehenden kleinen Meteore der 7ten bis 10ten Gröfse dieselbe Richtung befolgten. Späterhin beobachtete ich zufällig, dafs völlig oder nahe gleichzeitig 2 Erscheinungen der Art parallel nebeneinander ihre Bahn beschrieben. — Zur Gewifsheit wurde mir dieser Umstand, als ich im Jahre 1849—1850 die Gelegenheit fand, bei der Beobachtung der telescopischen Sterne des Orion stundenlang ohne Unterbrechung das Auge nicht vom Oculare zu wenden, und so mich überzeugte, dafs in Zeit von einer Stunde und 10 Minuten, oft 5—9 Meteore der kleinsten Art vorüberzogen, deren Parallelismus höchst augenfällig war. Der Raum in welchem ich sie während etwa 70 Minuten sah, betrug in der Länge 17°, in der Breite wohl etwas über $3\frac{1}{2}^{0}$.

Es erhellt sonach aus Allem, was ich über diesen Gegenstand mittheilen konnte, dafs diese Erscheinungen am Fernrohre uns einen neuen und tiefern Blick in den Reichthum, in die aufserordentliche Ausdehnung des Meteorphänomens gestatten. In den verschiedenen Stadien, welche seit einem halben Jahrhundert durchlaufen sind, um die räthselhaften Lichtschüsse des nächtlichen Himmels kennen zu lernen, erblickt man überrascht ein schwaches Abbild der mächtigen Fortschritte, die der beobachtenden Astronomie gelungen sind, seit Fernröhre die Möglichkeit lehrten, die Gränzen des gewöhnlichen Sehens zu überschreiten, um aus dem Erkennen der Vielheit der Fixsterne, ihrer unermefslichen Entfernungen, ihrer eigenen Raum- oder translatorischen Bewegung, eine würdigere Vorstellung vom Bau der Welt zu gestalten. Es darf vielleicht nicht zu kühn erscheinen, sich die der Sonne benachbarten Räume, oder die Grundebene dieses Systems von Planeten, bis zu beträchtlicher Ausdehnung nach allen Seiten hin, mit zahllosen Meteoren erfüllt zu denken, die in Gruppen, stromartig schaarenweis nach bekannten Gesetzen sich im Raume bewegen; deren oft mächtig gestörte Bahnen sich vielfach in ihren Ebenen durchschneiden, und von denen eine unbekannte Anzahl von Gruppen unter dazu günstigen Umständen uns zu Gesicht kömmt. Jeder Convergenzpunkt bezeichnet einen bestimmten Strom, dessen einzelne Glieder wir sehen, wenn aus unbekannten Ursachen sie leuchtend werden. Er ist an jedem Punkte des Himmels möglich, wo Meteore erscheinen, die sich wirklich in ganz oder nahe parallelen Bahnen bewegen, und es ist nicht nothwendig, dafs die Bewegung der

Erde auf solchen Punkt genau gerichtet sein müsse, um die bekannte Erscheinung der Radiation zu erklären, die an den Meteoren des Laurenziusstromes so merkwürdig und bestimmt hervortritt.

Ich gedenke hier einer räthselhaften Erscheinung, die ich in diesem Jahre zu beobachten Gelegenheit hatte, und deren Mittheilung hier am rechten Orte sein wird, wenn sie das gewesen ist, wofür ich sie zu halten geneigt bin. An dem Vorsatze beharrend, eine ohnehin dunkle und wenig bearbeitete Aufgabe der Natur nicht durch Hypothesen verunstalten zu wollen, finde ich den Muth zu der folgenden Mittheilung nur in dem Wunsche und in der Aufforderung des Mannes, dessen Namen ich diesen Blättern voranstellen durfte.

Ueber einen vermuthlichen am Tage beobachteten Strom telescopischer Meteore.

Als ich am Vormittage des 16. Mai 1851 mit der Beobachtung der obern Culmination des Polarsterns am Bonner Meridiankreise beschäftigt, um $1^h\,25^m$ Sternzeit eben die Declination eingestellt hatte, und diese gleich nach dem letzten Fadenantritte ablesen wollte, zog eine Unzahl matt leuchtender Punkte von verschiedener Gröfse auf dem blauen Himmelsgrunde des Gesichtsfeldes vorüber. Ich setze den Anfang auf $1^h\,27^m\,50^s$ Sternzeit. Die Punkte waren so gedrängt, klein und lichtschwach, dafs das Gesichtsfeld sehr eigenthümlich marmorirt, und wie von einer undulirenden, von rechts unten nach links oben fortschreitenden, fluthenden Bewegung durchzogen erschien. Das Fädensystem des Fernrohrs gewährte ein treffliches Hülfsmittel für die Bestimmung der Richtung dieser Bewegung, und ich bemerkte zunächst, dafs dieselbe sehr nahe 40° gegen die Horizontalfäden geneigt war. Die leuchtenden Punkte durchschnitten den nördlichen Meridian der Sternwarte also scheinbar in der Richtung NO—SW, oder in der Wirklichkeit, da das Fernrohr umgekehrte

Bilder zeigt, SW—NO. Seit $0^h 37^m$ Sternzeit hatte ich bei sehr ruhiger und meist klarer Luft bereits beobachtet, ohne irgend Etwas von der auffallenden Erscheinung gewahr zu werden, und war gleich überzeugt, daſs mir ein seinem Eindrucke nach so unvergleichliches Phänomen seit 12 Jahren bei so sehr häufigen Himmelsbeobachtungen nicht vorgekommen war, daſs mir der Anblick des in hohen Regionen treibenden Schnees in Wolkenzwischenräumen, am Fernrohr gesehen, einen durchaus andern Eindruck gemacht hatte. Die unzählbare Menge und die Bewegung der Punkte, die meistens kaum das Licht von Sternen der 4—5ten Gröſse hatten, erleichterte das Erkennen, verrieth überhaupt ihre Existenz. Wären sie ruhend gewesen, so hätte die geringste Undulation der Luft so matte Punkte unsichtbar gemacht, die nur selten an Intensität dem kleinen Sterne δ Ursae minoris glichen, wie dieser am Meridianfernrohre erscheint, wenn man ihn im vollen Tageslichte beobachtet. In dem Strome dieser Körper tauchten ziemlich häufig Einzelne auf, die sich durch etwas stärkeres Licht und bemerkbaren Durchmesser auszeichneten; sie glichen vollkommen den kleinen Sternschnuppen, die in so groſser Anzahl vorhanden, in ihrem geringen nebelhaften Lichte oft an der äuſsersten Gränze der Wahrnehmung für das unbewaffnete Auge stehen. Da der ruhig glänzende scharfbegränzte Polarstern wegen seiner so sehr langsamen Bewegung im Gesichtsfelde blieb, und mitten in dem Strome dieser Körper stand, so gewährte er in mehrfacher Hinsicht eine sehr wichtige Vergleichung für die Helligkeit und scheinbare Gröſse dieser vorbeischieſsenden Funken, und dazu, was noch mehr in Betracht kömmt, ein Criterium für die Frage, ob ich wirklich in der Atmosphäre oder im freien Himmelraum sich schaarenweis bewegende Körper, ob ich nur eine ungewöhnliche temporär locale Undulation der Luft sah, oder endlich, ob das ganze Phänomen nur durch eine momentane Affection meines Auges hervorgerufen wurde.

Der Abstand der beiden Horizontalfäden von einander betrug etwa 17″ Bogen; mit dieser Distanz verglichen, schätzte ich die

Durchmesser der gröfsten und hellsten Lichtkörper zu höchstens 4 bis 5 Bogensecunden. Bei Weitem die meisten waren viel kleiner, und ihrer Lichtschwäche und Kleinheit wegen einzeln gar nicht mehr aufzufassen. In diesem Strome erschienen die gröfsern Körper wenn auch nicht selten, doch meist isolirt, und wenn auch mitunter in Zeit von 1 bis 3 Secunden ihrer 5 bis 10 das Gesichtsfeld durchzogen, so war ihre Zahl mit dem Inhalte des ganzen Stroms verglichen, sehr unbedeutend. An den Rändern zeigten sie keine sonderlich scharfe Begränzung; matt weifslich glichen die Gröfsten sehr der Uranus-Scheibe, wenn man diese unter starker Vergröfserung in der Dämmerung und bei schlechter Luft beobachtet. So lange die Erscheinung sichtbar blieb, veränderte sich der Strom der Bewegung seiner Richtung nach, nicht merklich; trat ein hellerer Punkt hervor, so überzeugte ich mich leicht und am Sichersten, dafs seine Bewegung mit der allgemeinen fluthenden Bewegung auf dem Grunde des Gesichtsfeldes völlig übereinstimmte; erschienen ihrer 3 bis 4 gleichzeitig, so liefen sie in völlig parallelen Bahnen neben- oder hintereinander her, und nie bemerkte ich eine Abweichung, die, hätte sie sich auch nur 10° grofs gezeigt, nicht der Beobachtung sich hätte entziehen können. Ob einzelne der helleren Bahnen wirklich etwas gekrümmt waren, habe ich mit Bestimmtheit nicht entscheiden können. Auffallend ist aber der Umstand, dafs keiner dieser Lichtfunken das ganze Gesichtsfeld völlig durchzog. Einzeln oder gruppenweis, wie die helleren gerade hervortraten, beschrieben sie stets nur kurze Bahnen von 2 bis 5 Bogenminuten und verschwanden dann plötzlich. Sie traten rechts ein ins Gesichtsfeld und erloschen, ehe sie die Mitte erreichten; sie entstanden in der Mitte, sichtbar links am Rande austretend, oder Anfang und Ende lag ganz im Felde. Alle, deren Anfang ich sah, entstanden fein und linienartig, unbestimmt; breiter und hellerwerdend, verschwanden sie schleunig. Um 1^h 34^m Sternzeit hörte die Erscheinung plötzlich auf. Die undulirende Bewegung des Gesichtsfeldes liefs sich nicht mehr erkennen; einzelne hellere Punkte als Nachzügler strichen durch das Gesichtsfeld in der nämlichen Richtung. Ich sah den Letzten derselben, nachdem das seltsame Phänomen 7 Minuten gedauert hatte.

Es ist schwer, in bestimmten und bezeichnenden Ausdrücken jenen Strom so zu beschreiben, dafs man gleich an Etwas dem Eindrucke nach Aehnliches sich erinnert fühlt. Indessen finde ich doch, dafs folgender Vergleich die besten Dienste leistet.

Betrachtet man während einer recht schnellen Fahrt auf der Eisenbahn den Erdboden ganz in der Nähe der Schienen, wo er meistens mit Sand und kleinem Gestein bedeckt ist, so erkennt man wegen der grofsen Geschwindigkeit der Bewegung an der bezeichneten Stelle keinen einzelnen Gegenstand. Man erhält nur Licht- und Farbeneindrücke, und der Boden erscheint mit einer, der Bewegung des Bahnzuges parallelen Lineatur bedeckt, worin die stärkern und breitern Linien den gröfsern, zumal dunklern Körpern entsprechen, die gerade umherliegen. So war im Allgemeinen auch der Eindruck des Anblickes von einem Strome unbekannter Körper, die ich unter 160maliger Vergröfserung des Meridianfernrohrs beobachtete, und um seine Eigenthümlichkeit noch schärfer hervorzuheben, erinnere ich noch an das Aussehen entfernter Gegenstände, wenn man sie durch eine Schicht stark erwärmter Luft betrachtet. Verbindet man in Gedanken beide Effecte mit einander, so ist die Vorstellung von dem am 16. Mai gesehenen Phänomen vollständig. — Als ich 1 oder 2 Minuten lang die Erscheinung betrachtet, und keine Gewifsheit über die Realität derselben erlangt hatte, dachte ich noch zu rechter Zeit daran, alle Versuche anzustellen, die etwa die Zeit gestatten würde. — Was ich hätte thun sollen, aber aus Furcht die Beobachtung zu verlieren, nicht that, war, die Zenithdistanz des Fernrohrs zu verändern; was ich anderweitig zur Sicherstellung meiner Wahrnehmung vornehmen konnte, bestand im Folgenden.

I. War die Erscheinung nur subjectiv, lag sie begründet in einer momentanen Affection meines rechten Auges, mit dem ich stets am Fernrohre beobachte, so mufste ich offenbar die eigenthümliche strömende Bewegung auch zu erkennen glauben, wenn ich das Auge frei gegen den blauen Himmel richtete. Der Einwand, daſs die Anstrengung des Sehens am Ocular die Erscheinung hervorgerufen habe, ist unbegründet, weil nur da Anstrengung hervorgerufen wird, wo man schwierig sichtbare Gegenstände sucht und schärfer zu betrachten strebt, nicht aber da, wo man ruhig, und anderweitig unter hundertfach erlebten Nebenumständen, Gegenstände verfolgt, die man nicht suchte, sondern die von selbst ihres auffallenden Charakters wegen sich bemerklich machten. Seit Jahren kenne ich an meinem Auge die sogenannten mouches volantes, die ich namentlich bei Tage in Gestalt von schwebenden grauen Gebilden sehr unregelmäſsig sich vor den Gegenständen bewegen sehe, die ich gerade betrachte, sei es mit oder ohne Fernrohr. Wie gewöhnlich, so auch sah ich am 16. Mai diese grauen Wolken und punktähnlichen Gebilde im Gesichtsfelde hin- und herschweben, ohne alle bestimmte Richtung, und ganz von der willkührlichen Bewegung des Auges abhängig. Den oben beschriebenen Strom mattleuchtender Körper durchkreuzten sie unter allen denkbaren Richtungen. Durch die lange Gewohnheit mit dieser kleinen Störung völlig vertraut geworden, war sie mir diesmal nicht eher aufgefallen, als bis ich auf Mittel sann, mich durch Versuche gegen subjektive Täuschungen zu sichern, und demnach gleich an diese Eigenthümlichkeit meines Auges dachte.

Nun blieb noch die Möglichkeit zu erwägen übrig, ob nicht eine andere, rein innerliche, mehr nervöse Affection des Auges den Eindruck einer continuirlich strömenden Bewegung hervorrufen konnte. War dies der Fall, so hätte ich die Undulation auch am freien Himmel erkennen müssen, was nicht statt fand. Ich hätte sie (am Fernrohr) erkennen müssen, wenn ich das Instrument in irgend welche Bewegung versetzte, und demnach die Lage des Gesichtsfeldes gegen das Auge veränderte. Bekanntlich kann man einen sehr schwierig zu erkennenden Gegenstand im Gesichtsfelde des Fernrohrs zum Verschwinden bringen, wenn man diesem eine verhältniſsmäſsig starke vibrirende Bewegung ertheilt. Man sieht zum Beispiel einen Stern 4ter Gröſse bei schlechter Luft und während des vollen Sonnenlichtes oft mit grofser Schwierigkeit. Hat man ihn einmal fixirt, so verliert man ihn nicht, wenn nicht etwa vorübergehende sehr grofse Unruhe der Luft ihn auf Augenblicke unsichtbar macht. Erschüttert oder bewegt man aber das Fernrohr in kurzen Schwingungen von nur 1—5 Bogenminuten, so wird der matte Stern unfehlbar verschwinden; er tritt wieder hervor, wenn die Vibrationen des Instruments nahe zu aufgehört haben. Genau diese Wirkung beobachtete ich an dem Strome von unbekannten Körpern am 16. Mai. Das auf die Declination des Polarsterns gerichtete Fernrohr des Meridiankreises war wie gewöhnlich durch die Klemmschraube festgestellt. In dieser Lage bewirkt man die feinern Bewegungen im Sinne der Zenithdistanz durch eine Mikrometerschraube, die man nach Belieben sehr langsam und sehr schnell umdrehen kann. Bewegte ich diese mit einer nur geringen Geschwindigkeit, so verschwand jede Spur der strömenden Bewegung im Gesichtsfelde, und ebenso der Polarstern beinahe, wenn ich diese Bewegung, ohne eine gewisse zulässige Gränze zu überschreiten, erheblich vermehrte. So wie die Vibration des Rohres sich zu vermindern anfing, trat auch zuerst der Polarstern, dann, erheblich später, die strömende, die Horizontalfäden unter dem Winkel von 40° durchschneidende Bewegung wieder hervor. Diesen Versuch wiederholte ich so oft, dafs mir nicht der geringste Zweifel überblieb, und es erhellte aus ihm, dafs die willkührliche Bewegung des Fernrohrs denselben Effect auf den Strom und auf den Polarstern ausübte, dafs also die Erscheinung nicht in meinem Auge erzeugt wurde, sondern irgendwo im Raume vor sich ging.

Da ich aber jedes während dieser Beobachtung erreichbare Mittel, eine subjektive Erklärung zu finden, zu benutzen strebte, so sah ich zunächst mit dem linken Auge durch das Fernrohr; dieses, für das telescopische Sehen so gut wie unbrauchbar, erkannte selbst den Polarstern nur mit Anstrengung, von dem Strome mitunter nur eine leise Andeutung; die Erscheinung der mouches volantes konnte ich an diesem Auge kaum constatiren.

Hierauf sah ich wieder mit dem rechten Auge; ich öffnete und schloſs es abwechselnd, ich wandte es wechselsweis gegen den freien Himmel und wieder zum Fernrohr; ich veränderte durch Stellung des Kopfes die Richtung der Verbindungslinie beider Augen um 90° nach beiden Seiten, d. h. wie gewöhnlich vor dem Fernrohre sitzend, fiel diese Verbindungslinie mit der Richtung der horizontalen Fäden zusammen; ich drehte sodann das Gesicht so weit, daſs die Verbindungslinie der Augen einmal von Osten, das andere mal von Westen her, mit den verticalen Fäden des Oculares zusammen fiel: „an der Erscheinung der undulirenden Bewegung wurde auch durch diese Versuche Nichts geändert."

II. Nachdem ich mich so überzeugt hatte, daſs es sich hier nicht um eine subjektive Täuschung im erwähnten Sinne handle, blieb noch der Zweifel übrig, ob nicht die Atmosphäre im Stande sei, solche Erscheinung hervorzurufen. — Wenn ich vorhin das Ansehen entfernter, durch starkerwärmte Luftschichten betrachteter Gegenstände angeführt habe, um die Vorstellung vom Phänomen des 16. Mai schärfer zu begränzen, so liegt die Ansicht nahe, daſs die in starker Undulation befindliche Luft, an und für sich jene Erscheinung hervorgerufen habe, ohne daſs wirklich parallel sich bewegende Körper vorhanden waren, welche man durch sie hindurch erblickte: Abgesehen davon, daſs Niemand Derartiges gesehen hat, daſs auſserdem keine Wahrscheinlichkeit für diesen Fall vorhanden ist, so wäre die erste nothwendige Folge einer starken Undulation der Luft gewesen, daſs der, stets im Gesichtsfelde verweilende Polarstern, davon ungemein stark hätte betroffen werden müssen. Es fand aber das Gegentheil statt; der Polarstern war so ruhig und so punktähnlich scharf begränzt, wie man ihn bei Tagesbeobachtungen überhaupt nur sehr selten erblickt, und so blieb er während der ganzen Dauer der Erscheinung.

III. Etwa um die Mitte dieser Beobachtung kamen sehr leichte dünne Flugwolken. So wie sie die Gegend des Polarsterns erreichten, verminderte sich wie gewöhnlich die dunkle

Bläue des Gesichtsfeldes, und in dem Maſse, wie dichtere Theile der Wolken eintraten, verschwand zuerst die allgemeine fluthende Bewegung, dann das Aufleuchten einzelner Punkte von gröſserem Glanze, und endlich der Polarstern selbst. Wegen des raschen Fluges dieser Nebelwolken wiederholte sich dies Verschwinden und Wiedererscheinen sehr häufig. War die Wolke so weit vorgeschritten, daſs ich den Polarstern wiedererkannte, so zeigten sich etwas später wieder zuerst die gröſsern Funken des Stroms, endlich die strömende Bewegung selbst, wenn das Gesichtsfeld wieder seine dunkle Bläue erhalten hatte. Die Richtung der Wolken war von der des Stromes um 100° verschieden.

Nach diesen Prüfungen konnte mir kein Zweifel an der Realität der Erscheinung übrig bleiben, und ich war eben im Begriff, die Declinationsschraube zu lösen, als ich ein sehr rasches Abnehmen der fluthenden Bewegung bemerkte, ohne daſs irgend eine Spur von Wolken die Ursache davon gewesen wäre. Um $1^h\,34^m$ Sternzeit hatte die Undulation im Gesichtsfelde aufgehört; noch einzelne Nachzügler schimmerten auf dem blauen Himmelsgrunde, und bald war keine Spur der Erscheinung mehr vorhanden.

Das Gesichtsfeld hatte etwa 14′ im Durchmesser. Ich muſs die Zahl der im Verlaufe einer Secunde im Felde befindlichen Körper zum Mindesten auf 1000 setzen, woraus für die 6 Minuten Dauer des Phänomens eine enorme Zahl folgt. — Als bald nachher Wolken diesen Theil des Himmels bedeckten, richtete ich das Fernrohr des Meridiankreises auf die Zenithdistanzen 10° bis 60°; ich beobachtete ferner mit dem 5füſs. Refractor viele heitere Stellen des Himmels auſser dem Meridiane; ich beobachtete mehrfach im Laufe des Tages die Oberfläche der Sonne, und Nachts den Mond, so wie mit dem Cometensucher groſse Räume des Himmels, ohne irgend eine ähnliche Erscheinung wieder zu erblicken.

Es scheint mir aus der Beobachtung vom 16. Mai wenigstens so viel hervorzugehen, daſs hier von einer subjectiven Täuschung keine Rede sein könne. Die Neuheit des Phänomens an sich wird schon viele Zweifel bei denen erregen, welche Schwierigkeiten gewisser Erklärungen durch den bequemen Ausspruch zu beseitigen vermeinen, „dafs doch wohl irgend eine Täuschung stattgefunden haben müsse". Es scheint mir aber natürlicher und einfacher, die Realität eines Phänomens anzuerkennen, welches anderweitig seine Analogien hat, als einen an sich merkwürdigen und räthselhaften Umstand durch einen noch viel räthselhafteren, oder richtiger, völlig unbekannten Umstand erklären zu wollen, nämlich durch den, dafs Täuschungen diese Erscheinungen bedingten, dafs subjektive Phänomene, die an sich nicht bekannt sind, die mir im Laufe von 12 Jahren unter den mannigfaltigsten Umständen nicht aufgestofsen sind, die Wahrnehmung vom 16. Mai hervorriefen. In der umständlichen Mittheilung aller Prüfungen und Versuche beabsichtigte ich zuvörderst nur nachzuweisen, dafs die Erscheinung reell gewesen sei. Was sie gewesen sei, kann nicht mit Bestimmtheit ausgesprochen werden. Aber nach dem ganzen Eindruck eines so seltenen Phänomens halte ich dasselbe der Wahrscheinlichkeit nach ganz einfach für einen Strom entfernter Meteore, den ich zufällig am Tage, zufällig während der Beobachtung der Culmination des Polarsterns im Fernrohr erblickte. Dafs die Erscheinung am Tage gesehen wurde, kann natürlich ebensowenig befremden, als dafs man Sterne der 4ten Gröfse bei Sonnenschein unter den erforderlichen Nebenumständen, erblickt. Jene Körper hatten im Durchschnitte die genügende Helligkeit; ihre Vielheit und die parallele Bewegung verrieth ihr Dasein, und Einzeln würde gewifs keiner dieser Punkte mit Gewifsheit gesehen worden sein.

Die grofse Zahl der Körper jenes Stromes ist zwar sehr auffallend, aber darum nicht unglaublich, weil seither Derartiges am Fernrohre noch nicht gesehen wurde. Es mufs die ganze Erscheinung denen noch unglaublicher vorkommen, welchen die Unzahl telescopischer Meteore, ihre unter sich oft parallele Bewegung gänzlich unbekannt ist, und es liegt der Wunsch nahe, dafs es bald einem sehr geübten, mit feinem Unterscheidungs- und Auffassungsvermögen begabten Beobachter gelingen möge, etwas Aehnliches unter günstigen Umständen zu erblicken, und in aller Unbefangenheit so zu prüfen, dafs er sich gegen etwaige Täuschungen sicher stellt.

Indem ich die Richtung dieses Stromes, bezogen auf den derzeit culminirenden Meridian in das Gradnetz einer Sterncharte verzeichnete, fand ich zu meiner Ueberraschung, dafs der Ausgang, oder vielmehr die Richtung des Stroms durch den von Heis entdeckten Nordpol-Convergenzpunkt ging (AR 353° + 85°). Auf meine Bitte hatte Herr Heis die Güte, die Richtung des Stroms auf der grofsen Aachener Himmelskugel darzustellen, woraus sich meine Annahme vollständig bestätigte.

Unbekannte Körper, die bisweilen vor Sonne und Mond vorüberziehen.

Es sind zu wiederholten Malen von verschiedenen Beobachtern dunkle Körper gesehen worden, die bald einzeln, bald in gröfserer Anzahl mit ungleicher Geschwindigkeit sich vor der Sonnenscheibe vorüberbewegten. Man kann wie ich glaube, solche von zuverlässigen und erfahrenen Beobachtern gemachte Wahrnehmungen nicht mehr in Zweifel ziehen, und ich selbst habe ihnen ein gröfseres Gewicht beigelegt, seit mir Erscheinungen vorkamen, welche mich an jene dunklen Körper erinnerten. Ich rede hier von diesem Gegenstande defshalb, weil man in neuern Zeiten das Meteorphänomen mit den Körpern in Verbindung gesetzt hat, die gelegentlich telescopisch vor der Sonnenscheibe waren beobachtet worden. Nach solcher Ansicht gehörten jene, namentlich um die Mitte des Maimonats vor der Sonne herziehenden schwarzen Punkte dem Strom von Meteoren an, welcher im August den nächtlichen Himmel mit der grofsartigen Radiation glänzender Sternschnuppen belebt. Liegt der eine Knoten einer Bahn von zahlreichen Meteoren zwischen Erde und Sonne, d. h. ist die heliocentrische Länge des Durchschnittes der Meteorbahn und der Ecliptik gleich der der Erde, und aufserdem seine Entfernung von der Sonne geringer, als die derzeitige der Erde, so ist es denkbar, dafs man unter diesen Umständen eine gewisse Anzahl dunkler Körper vor der Sonnenscheibe erblicken wird, deren scheinbare Gröfse und Geschwindigkeit von der Entfernung und der Richtung der Bewegung abhängen wird. Sollte in der Folge ein Beobachter so glücklich sein, die aufserordentliche Erscheinung wahrzunehmen, die ehemals auf der Sternwarte zu Neapel von De Gasparis gesehen wurde, so wäre sehr zu wünschen, dafs er mit Hülfe eines Positionsmikrometers die Richtung der wahrscheinlich nahezu parallelen Bahnen bestimmte. Es ist selbst der Fall denkbar, dafs an entlegenen Orten eine correspondirende Beobachtung gelänge, zu einer Zeit, da die dunklen Körper nur ganz vereinzelt und in einem schmalen Strome vorüberziehen, wobei freilich die scheinbare Parallaxe nicht gröfser als 30′, die Entfernung also bedeutend sein müfste. Die letzten Beobachtungen von dunklen Körpern vor der Sonne sind, so viel mir bekannt, von Heis in Aachen am 12. und 13. Mai 1849 angestellt worden. In Zeit von 10 Jahren habe ich während sehr häufiger Beobachtungen der Sonnenflecken verschiedene Male ähnliche Erscheinungen wahrgenommen; allein ich bin nicht im Stande zu entscheiden, ob jede einzelne Wahrnehmung von Täuschungen befreit gewesen sei. Es bedarf immer längerer Uebung, um aus der scheinbaren Geschwindigkeit eines schnell im Gesichtsfelde vorüberziehenden Gegenstandes oder aus der Gröfse und Deutlichkeit gleich zu erkennen, ob man einen entfernt fliegenden Vogel, ein nahes Insect, oder einen vom Winde fortgeführten Gegenstand gesehen habe. So viel ich aus eigener Erfahrung weifs, wird man in den allermeisten Fällen einen Vogel als solchen erkennen können, wenn er nicht zu weit entfernt ist, und man anderweitig die Eigenthümlichkeit seines Fluges kennt. Oft habe ich bei Mondbeobachtungen Schaaren von Staaren (Sturnus vulgaris) und einigemale die auffallende Reihenordnung im Zuge nächtlich wandernder Seevögel und Kraniche telescopisch vor der Mondscheibe beobachtet. Die Letztern hatten höchstens 1 Bogenminute im gröfsten Durchmesser, und gebrauchten mehr als 3 Secunden, um die Scheibe des Mondes zu passiren. Ich entsinne mich dagegen eines andern Falles, dafs ich im Sommer verschiedene Vögel ihrer Gestalt nach, vor der Sonnenscheibe erkannte, die sicher nicht mehr als 20″ im Durchmesser hatten. Es liegt in der That nahe, die Entfernung eines Zuges von Vögeln grofs genug anzunehmen, dafs diese nur noch als Punkte erscheinen, dafs sie lange genug vor der Sonne verweilen, um ein Phänomen darzustellen, wie es mehrfach beobachtet worden ist; allein man wird dann gar bald eine Gränze vorauszusetzen sich genöthigt sehen, welche willkürlich wohl von keinem Vogel überschritten werden möchte. Gesetzt, man beobachtete telescopisch einen entfernt fliegenden Adler vor der Sonnenscheibe, und fände den scheinbaren Durchmesser seiner Flügelbreite = 1 Bogenminute. Nimmt man die wahre Spannweite der Flügel zu 10 Fufs an, so würde die wahre Entfernung des Vogels = 34380 Fufs = 1,505 Meilen gewesen sein. Bei einer Sonnenhöhe von 20° würde die senkrechte Höhe des Adlers über der Erdoberfläche = 0,515 Meilen, bei 60° Sonnenhöhe aber = 1,304 Meilen betragen haben. Die erste Flughöhe ist noch zulässig, die Letztere sicher nicht mehr [1]). Auf jeden Fall ist die gröfste Vorsicht bei derartigen Beobachtungen anzurathen, um nicht Gefahr zu laufen, einen fern vorüberfliegenden Vogel oder ein Insect, das dunkel und punktähnlich vor der Sonne erscheint, für ein Meteor zu halten. Die Unsicherheit des momentanen Urtheils über solche Erscheinungen hat mich früher indessen bewogen, nicht jeden Fall besonders zu notiren, wefshalb ich denn in meinen Tagebüchern von 1842—47 keine hierauf bezügliche Beobachtung verzeichnet finde. Auch im Maimonat, wo nach Ermanns Vermuthung die dunklen Körper vor der Sonne zu erwarten sind, finde ich keine Angaben aufgeschrieben. Nur dunkel liegt mir noch in der Erinnerung, dafs ich am 5., 6. oder 7. Mai 1843 an 80maliger Vergröfserung eines Achromaten solche

[1]) Vergl. Humboldt, Ansichten der Natur, Alte Ausgabe 1826. Anm. 1 p. 48. zu der Abhandlung über die Physiognomie der Gewächse.

dunkle Punkte schnell vor der Sonne hinziehen sah. Alles, was ich Derartiges in späteren Jahren wahrnahm, beschränkt sich auf Folgendes:

1847 Octob. 11. Morg. 9^h sah ich am 5füfs. Refractor einen schwarzen Gegenstand, nicht gröfser als einer der kleinsten Fleckenpunkte die gerade sichtbar waren, mit grofser Geschwindigkeit vor der Sonne vorüberfliegen. Er erschien am Ostrande der Sonne, und verschwand vor ihr am westlichen Rande des Gesichtsfeldes. Ich hielt mich damals überzeugt, keinen Vogel, überhaupt keinen irdischen in der Atmosphäre sich bewegenden Körper gesehen zu haben.

1849 Octob. 14. Morg. 11^h bemerkte ich während einer Beobachtung der Sonnenflecken an einem 2½füfs. Fraunhofer einen schnell vorüberfliegenden dunklen, höchstens 15″ grofsen Körper in der Richtung O — W, vor der Mitte der Sonne hinfahren. Nach dem ganzen Eindrucke der Erscheinung konnte ich mich nicht überreden, dafs es nur ein Vogel gewesen sein sollte.

In dem selenotopographischen Werke von Schröter findet sich die merkwürdige Beobachtung eines aus vielen leuchtenden Punkten bestehenden, vor der dunklen Nachtseite des Mondes hinziehenden „Lichtsprudels". So wie die Erscheinung mit allen Nebenumständen beschrieben ist, bleibt gar kein Grund, die Realität derselben zumal bei einem so erfahrenen Beobachter, wie Schröter war, irgendwie in Zweifel zu ziehen. Etwas Aehnliches, aber weniger Auffallendes sah ich am 6. August 1843 auf Hohenfelde bei Hamburg. Eine gewöhnliche dunkelrothe Sternschnuppe der 5,6ten Gröfse zog vor der hellen Mondscheibe vorüber, in einer der Verbindungslinie der grofsen Ringgebirge Gassend und Furnerius parallelen Richtung von O — W.

Anhang.

Briefe von Olbers an Benzenberg.

In Benzenbergs Schrift „die Sternschnuppen, Hamburg 1839" sind mehrere Briefe von Olbers gedruckt, welche sich theils auf die cosmische Seite des Meteorphänomens, theils auf Widerlegung der bekannten Benzenbergischen Ansichten über Sternschnuppen beziehen. Da Alles, was von Olbers herrührt, schon des historischen Interesses wegen verdient bekannt zu werden, so beschlofs ich, den gröfsten Theil des Inhaltes zweier Briefe von Olbers an Benzenberg, in deren Besitz ich mich nach dem Tode des Letzteren befinde, hier als Anhang mit abdrucken zu lassen. Was ich auslasse, bezieht sich auf Olbers Bemerkungen über die von Benzenberg veranlafsten trigonometrischen und barometrischen Messungen im Siebengebirge bei Bonn; ich theile überhaupt nur mit, was für die Kenntnifs der Meteore von Interesse zu sein scheint. Ein kleiner Theil des zweiten Briefes ist von Benzenberg selbst in seiner obenerwähnten Schrift p. 181. bekannt gemacht worden; ich gebe ihn hier vollständiger und nur aus Rücksichten in einigen Beziehungen im Auszuge.

Erster Brief.

Bremen Febr. 7. 1835.

...... Sie werfen mir vor, Sie hätten noch nichts von mir über die Sternschnuppen gehört". — Ich meine doch, lieber

Benzenberg! dafs ich mich schon oft darüber geäufsert habe. Ich mufs Ihnen nochmals aufrichtig gestehen, dafs ich nicht gleich Ihnen, wie Sie p. 32. es nennen, bekehrt bin und dafs ich noch immer die Sternschnuppen für von Zwei sehr verschiedener Art halte, wovon die Eine nämlich tellurischen Ursprungs, zum Theil von Witterung, Jahreszeit etc. abhängig ist. Die Andere aber halte ich für kosmisch, für eine kleine Art von Feuerkugeln, für kleine Massen nämlich, die aus dem Weltraume von Aufsen in unsere Atmosphäre kommen, sich darin entzünden u. s. w. Dafs diese kosmischen Sternschnuppen, wie die Feuerkugeln, Mondsteine sind, halte ich für ganz unglaublich. Diejenigen, die mit einer relativen Geschwindigkeit von etwa 5 Meilen in der Secunde auf unserer Erde ankommen, müfsten wenigstens mit einer Geschwindigkeit von 50000 bis 60000 Fufs in der Secunde ausgeschleudert werden, was mir, anderer Schwierigkeiten nicht zu gedenken, im allerhöchsten Grade unwahrscheinlich scheint.

Beiläufig erinnere ich noch, dafs Massen, die sich mit gröfserer Geschwindigkeit als etwa 40000 Fufs, oder etwa $1\frac{3}{4}$ Meilen in der Secunde bewegen, nicht bei der Erde bleiben, und um sie revolviren können. Bei solcher Geschwindigkeit (gröfser als 35000 Fufs), werden sie sich nur hyperbolisch um die Erde schwingen, um dann wieder im Weltraume der anziehenden Kraft der Sonne zu gehorchen. —

Den Satz des Herrn v. Schreibers, dafs jährlich gegen 700, also im Durchschnitt täglich 2 Meteorsteinfälle auf der Erde sich ereigneten, halte ich für sehr precair, wie überhaupt alle Rechnungen, wobei man aus dem, was in einem sehr kleinen Raume stattgefunden hat, auf dasjenige schliefsen will, was in einem viele hundertmal gröfsern Raume stattfinden soll. Hätte Herr v. Schreibers statt Frankreich oder Grofsbrittannien, Deutschland bei seiner Rechnung zum Grunde gelegt, würde er jährlich eine viel geringere Zahl von solchen Steinfällen herausgebracht haben; und vollends, wenn man Scandinavien wählen sollte, oder Spanien? —

In der vorgestrigen Nacht vom 5. auf den 6. Februar, oder eigentlich den 6. Februar 4¼ Uhr Morgens wurde ein grofser Theil der Einwohner Bremens durch einen heftigen Donnerschlag aus dem Schlafe geschreckt. Ich selbst, unerachtet meines von Alter schon dumpfen Gehörs wurde dadurch aus meinem Schlummer geweckt. Bei der jetzigen Jahreszeit, und weil nur ein einziger Donnerschlag statt fand, dachte ich an eine in der Nähe von Bremen zersprungene Feuerkugel. Da um 4 Uhr Morgens wohl keine andern Beobachter des Meteors zu erwarten waren, als Nachtwächter und Schildwachen, wandte ich mich an den Hauptmann Reuter unsers Militärs, und bat, die Schildwachen darüber zu befragen. Eben erhalte ich seinen Bericht, der aber Nichts entscheidet. Es scheint ganz bedeckt, sehr stürmische Luft gewesen zu sein. Sie sahen um die angegebene Zeit einen sehr starken Blitz gegen Westen, dem unmittelbar ein heftiger Donnerschlag folgte. Bald darauf fiel etwas Hagel.

— — — — — — —

Zweiter Brief.

Bremen März 21. 1836.

Sie haben mich wieder so reichlich mit Ihren litterarischen Producten beschenkt, lieber Benzenberg, dafs ich Ihnen nicht genug danken kann. Die beiden für Bessel und Schumacher bestimmten Exemplare der Abhandlung über die Mondstein-Sternschnuppen habe ich befördert etc. . . . Ihre Beobachtung einer kleinen Feuerkugel habe ich in die hiesige Zeitung setzen lassen; die correspondirende Beobachtung im Hannoverischen war mir schon bekannt: in wiefern sie dienlich sein wird, den Abstand des Meteors von der Erde zu bestimmen, weifs ich nicht. G e s c h ä t z t e Höhen sind bekanntlich äufserst unzuverlässig, wenn sie sich nicht auf die damit verglichene Höhe eines Sterns gründen, dessen Höhe man durch die angegebene Zeit nahe bestimmen kann. Die Azimuthe scheinen nur s e h r r o h angegeben, und ich weifs nicht, ob Sie gleichzeitige dafür in Düsseldorf anzugeben im Stande sind.......

Durch das, was Sie meinen Einwürfen gegen Ihre Mondstein-Theorie entgegensetzen, haben Sie mich durchaus nicht überzeugt. Ich will die Lage unserer Streitsache hier kurz angeben. —

Wenn im Monde ein schwerer Körper mit einer verticalen Geschwindigkeit von 7500 bis 8000 Fufs in einer Secunde ausgeworfen wird, so kömmt er nicht wieder auf den Mond zurück. Ist dann seine Richtung darnach, so kann er die Erde treffen, und kömmt mit einer Geschwindigkeit von 34000 bis 35000 Fufs in der Secunde in die Nähe ihrer Oberfläche an.

Aber die Sternschnuppen haben eine Geschwindigkeit von 5 deutschen Meilen = 114000 Fufs in einer Secunde. Diese kommen also nicht vom Monde, sondern es sind kleine Massen, die der anziehenden Kraft der Sonne gehorchend, sich mit planetarischer Geschwindigkeit um dieselbe bewegen.

Sie wenden dagegen ein, die Mondsteine könnten doch mit einer viel gröfseren Geschwindigkeit als 35000 Fufs, auf der Oberfläche der Erde ankommen, wenn sie mit einer viel gröfseren Geschwindigkeit als 8000 Fufs vom Monde ausgeschleudert würden, und diese viel gröfsere Geschwindigkeit scheint Ihnen sehr wahrscheinlich. Wir wollen einmal einen Ueberschlag machen, mit wie grofser Geschwindigkeit solche kleine Massen vom Monde ausgeworfen werden müfsten, um auf der Erde mit einer Geschwindigkeit von 114000 Fufs in einer Secunde anzukommen. Nehmen wir an, dafs 8000 Fufs dazu gehört, den Körper aufser der Anziehungs-Sphäre des Mondes zu bringen, und dafs ihm nachher die Erde eine Geschwindigkeit von 35000 Fufs mittheilt, so mufste die ursprüngliche Geschwindigkeit auf dem Monde gleich sein:

$$114000 + 8000 - 35000 = 87000 \text{ Fufs in einer Secunde.}$$

folglich wird ihn der Mond bei Weitem nicht um 8000 Fufs retardiren können, weil dieser auf den ausgeworfenen Körper wegen seiner so grofsen Geschwindigkeit nicht so lange wirken kann, als bei einer Geschwindigkeit von 8000 Fufs. Aber die Erde kann ihm noch viel weniger aus eben der Ursache (wegen ihrer so viel kürzer dauernden Einwirkung) 35000 Fufs neuer Geschwindigkeit geben. Nach einer beiläufigen, auf ein Paar tausend Fufs sichern Rechnung (eine genauere, an sich nicht schwieriger, nur etwas langweiliger, schien mir unnöthig) finde ich, dafs ein Mondstein mit einer Geschwindigkeit von 110000 Fufs in einer Secunde ausgeschleudert werden müsse, um in der Nähe der Oberfläche der Erde eine Geschwindigkeit von 114000 zu zeigen. Eine solche Auswurfs-Geschwindigkeit von 110000 Fufs scheint mir im höchsten Grade unwahrscheinlich, wo nicht unmöglich.

Sie suchen eine sehr grofse Geschwindigkeit der auf dem Monde durch explodirende Kräfte ausgeworfenen schweren Körper dadurch wahrscheinlich zu machen, dafs z. B. eine gehörige Ladung Pulver, die nach Huttons Versuchen hier auf unserer Erde einer eisernen Kanonenkugel eine Geschwindigkeit von 2000 Fufs in der Secunde giebt, derselben auf dem Monde wegen der 5,3 Mal geringeren Schwerkraft auf dem Monde, eine Geschwindigkeit von $5{,}3 \times 2000 = 10600$ Fufs geben würde.

Unbedingt kann ich dies nicht zugeben. Die von Hutton beobachtete Geschwindigkeit ist die horizontale, mit der die Schwerkraft unmittelbar Nichts zu thun hat. Freilich wiegt die eiserne Kugel auf dem Monde 5,3 Mal weniger. Aber annehmen, dafs ihr deswegen dieselbe Ladung Pulver eine 5,3 Mal gröfsere Geschwindigkeit geben werde, heifst annehmen, das Pulver, das hier der eisernen Kugel eine Geschwindigkeit von 2000 Fufs giebt, müfste einer hölzernen von gleichem Volum, die 10 Mal weniger wiegt, eine 10 Mal gröfsere Geschwindigkeit, also eine Geschwindigkeit von 20000 Fufs geben. Das werden Sie wohl nicht behaupten wollen.

Da die parabolische Geschwindigkeit eines um die Erde laufenden Körpers in der Entfernung von ihrem Mittelpunkte $= r$ gröfser ist, als wenn er sich in irgend einer Ellipse um sie bewegte, und diese, wenn der Körper ihre Oberfläche berührt, also r = dem Halbmesser der Erde ist (näher kann er ja ihrem Mittelpunkte nicht kommen) zu 34436 Fuſs in der Secunde berechnet ist, so ist es ganz überflüssig, diese Geschwindigkeit für eine Ellipse von auch noch so groſser Axe zu berechnen. Diese Rechnung ist übrigens so leicht, daſs wir wahrlich Bessel oder Schumacher nicht darum zu bemühen brauchen. Wenn in dem Abstande = r vom Mittelpunkte der Erde die parabolische Geschwindigkeit eines solchen sich um die Erde bewegenden Körpers = M, und die halbe groſse Axe der Ellipse = a ist, so ist dann seine elliptische Geschwindigkeit in demselben Abstande:

$$V = M\sqrt{1 - \frac{r}{2a}},$$

also immer kleiner als M. Soll V gröſser werden als M, so muſs a negatif sein, der Körper sich also in einer Hyperbel bewegen. Alle die Körper also, die in der Nähe der Erde eine gröſsere Geschwindigkeit als 34436 haben, können nicht bei der Erde bleiben, sich nur mehr oder weniger stark hyperbolisch um sie beugen, um in weiterer Entfernung von ihr lediglich der anziehenden Kraft der Sonne zu gehorchen, und um diese irgend einen Kegelschnitt zu beschreiben. Dies wird dienen, die Idee von Millionen kleiner Massen, die um die Erde laufen sollen, zu berichtigen. — ......

MIX
Papier | Fördert gute Waldnutzung
FSC® C083411

Zeitfracht Medien GmbH
Ferdinand-Jühlke-Straße 7
99095 Erfurt, Deutschland
produktsicherheit@kolibri360.de